· 慕研数据分析师事务所系列丛书 ·

Python 3

爬虫、数据清洗与可视化实战

第2版

零一 韩要宾 黄园园 著

电子工业出版社
Publishing House of Electronics Industry
北京·BEIJING

内 容 简 介

本书是一本通过实战教初学者学习爬取数据、清洗和组织数据进行分析和可视化的 Python 读物。书中案例均经过实战检验，笔者在实践过程中深感采集数据、清洗和组织数据的重要性，作为一名数据行业的"码农"，数据就是沃土，没有数据，我们将无田可耕。

本书共 13 章，包括 6 个核心主题，其一是 Python 基础入门，包括环境配置、基本操作、数据类型、语句和函数；其二是 Python 爬虫的构建，包括网页结构解析、爬虫流程设计、代码优化、爬虫效率优化、无线端的数据采集、容错处理、反防爬虫、表单交互和模拟页面点击；其三是 Python 数据库应用，包括 MongoDB、MySQL 在 Python 中的连接与应用；其四是数据清洗和组织，包括 NumPy 数组知识，以及 pandas 数据的读写、分组、变形、缺失值、异常值和重复值处理，时序数据处理和正则表达式的使用等；其五是综合应用实例，帮助读者贯穿爬虫、数据清洗与组织的过程；最后是数据可视化，包括 matplotlib 和 pyecharts 两个库的使用，涉及饼图、柱形图、线图、词云图等图形，帮助读者进入可视化的殿堂。

本书以实战为主，适合 Python 初学者及高等院校相关专业的学生阅读，也适合 Python 培训机构作为实验教材。

图书在版编目（CIP）数据

Python 3 爬虫、数据清洗与可视化实战 / 零一，韩要宾，黄园园著. —2 版. —北京：电子工业出版社，2020.7
（慕研数据分析师事务所系列丛书）

ISBN 978-7-121-39118-7

Ⅰ. ①P… Ⅱ. ①零… ②韩… ③黄… Ⅲ. ①软件工具－程序设计 Ⅳ. ①TP311.561

中国版本图书馆 CIP 数据核字（2020）第 100878 号

责任编辑：张慧敏　　　　　　特约编辑：田学清
印　　刷：北京天宇星印刷厂
装　　订：北京天宇星印刷厂
出版发行：电子工业出版社
　　　　　北京市海淀区万寿路 173 信箱　　　　邮编：100036
开　　本：720×1000　　1/16　　印张：16.25　　字数：335 千字
版　　次：2018 年 3 月第 1 版
　　　　　2020 年 7 月第 2 版
印　　次：2025 年 1 月第 12 次印刷
定　　价：69.00 元

凡所购买电子工业出版社图书有缺损问题，请向购买书店调换。若书店售缺，请与本社发行部联系，联系及邮购电话：(010) 88254888，88258888。

质量投诉请发邮件至 zlts@phei.com.cn，盗版侵权举报请发邮件至 dbqq@phei.com.cn。
本书咨询联系方式：010-51260888-819，faq@phei.com.cn。

前　言

　　Python 是军刀型的开源工具，被广泛应用于 Web 开发、爬虫、数据清洗、自然语言处理、机器学习和人工智能等方面，而且 Python 的语法简洁易读，这让许多编程入门者不再望而却步，因此，Python 在最近几年非常受欢迎，各行各业的技术人员都开始使用 Python。

　　本书内容来自笔者在高校授课的内容，主要介绍如何运用 Python 工具获取电商平台的页面数据，并对数据进行清洗和存储。本书简化了 Python 基础部分，从而保证有足够的篇幅来介绍爬虫、数据清洗和可视化的内容。

　　本书第 1 版自出版以来受到各界人士的青睐，为了给读者更好的体验，第 2 版的代码和数据都保存在 Gitee 上，读者可通过访问笔者的 Gitee 主页获取资料。第 2 版在内容上新增了习题、手机 App 数据的采集方法和 Selenium 的基础操作，其中习题包含选择题、判断题、填空题、实操题和应用题。

　　本书采用的 Python 版本是 Python 3.6.2。虽然目前一些高校和开发者在使用 Python 2.7，但是 Python 团队在 2020 年 1 月 1 日停止了对 Python 2.7 的支持、更新，因此 Python 2.X 转向 Python 3.X 是大势所趋。

　　本书第 1 章简单介绍 Python 和相关的 IDE，如果读者完全没有 Python 基础，那么建议选购一本基础书作为辅助。第 2~7 章介绍爬虫的实例，实现从最简单的爬虫到相对较复杂的爬虫，涉及的爬虫包有 requests、Scrapy 和 Selenium，采集对象有 PC 网页和手机 App。鉴于实例的限制，本书的爬虫内容没有涉及代理服务器和验证码处理等问题。第 8 章介绍了 4 个知名网站的采集案例。第 9 章介绍在 Python 中如何连接并操作数据库。第 10 章介绍了 NumPy 及其用法。第 11 章详细介绍了 pandas 的功能，pandas 是 Python 数据清洗和建模中非常重要的库。第 12 章用两个完整的案例展示了从爬虫到建模的过程。第 13 章介绍了 Python 的数据可视化，选用的库是 matplotlib 和 pyecharts，其中详细介绍了 pyecharts。

鉴于笔者水平有限，书中不足之处请读者不吝指教。

说明

网络爬虫作为一项技术，更应该服务于社会。在使用该技术的过程中，应遵守 Robots 协议。同时，需要注意对数据所涉及的知识产权和隐私信息进行保护。另外，在采集数据时，需要注意礼貌，即不频繁地请求网页，以防止给数据提供者的服务器造成不良影响。在使用所采集的数据时，需要注意是否涉及商业利益和相关法律。本书中所使用的案例皆为测试案例，仅供读者学习使用，本书中的 URL 均做了处理。

读者服务

微信扫码回复：39118

- 获取博文视点学院 20 元付费内容抵扣券
- 获取本书每章练习题答案
- 获取更多技术专家分享资源
- 加入读者交流群，与更多读者互动

目 录

第 1 章　Python 语言基础 1

1.1　安装 Python 环境 1

1.1.1　Python 3.6.2 安装与配置 1

1.1.2　使用 IDE 工具——PyCharm 4

1.1.3　使用 IDE 工具——Anaconda 4

1.2　Python 操作入门 5

1.2.1　编写第一个 Python 代码 5

1.2.2　Python 基本操作 8

1.2.3　变量 10

1.3　Python 数据类型 10

1.3.1　数字 10

1.3.2　字符串 11

1.3.3　列表 14

1.3.4　元组 15

1.3.5　集合 15

1.3.6　字典 15

1.4　Python 语句与函数 16

1.4.1　条件语句 16

1.4.2　循环语句 16

　　　　1.4.3　函数 17

　　1.5　习题 18

第 2 章　数据采集的基本知识 25

　　2.1　关于爬虫的合法性 25

　　2.2　了解网页 27

　　　　2.2.1　认识网页结构 28

　　　　2.2.2　写一个简单的 HTML 28

　　2.3　使用 requests 库请求网站 30

　　　　2.3.1　安装 requests 库 30

　　　　2.3.2　爬虫的基本原理 32

　　　　2.3.3　使用 GET 方式抓取数据 33

　　　　2.3.4　使用 POST 方式抓取数据 34

　　2.4　使用 Beautiful Soup 解析网页 37

　　2.5　清洗和组织数据 41

　　2.6　爬虫攻防战 42

　　2.7　关于什么时候存储数据 45

　　2.8　习题 45

第 3 章　用 API 爬取天气预报数据 48

　　3.1　注册免费 API 和阅读技术文档 48

　　3.2　获取 API 数据 50

　　3.3　存储数据到 MongoDB 55

　　　　3.3.1　下载并安装 MongoDB 55

　　　　3.3.2　在 PyCharm 中安装 Mongo Plugin 56

　　　　3.3.3　将数据存入 MongoDB 中 59

　　3.4　MongoDB 数据库查询 61

　　3.5　习题 64

第 4 章　大型爬虫案例：抓取某电商网站的商品数据 65

　　4.1　观察页面特征和解析数据 65

　　4.2　工作流程分析 74

4.3 构建类目树 75

4.4 获取景点产品列表 78

4.5 代码优化 80

4.6 爬虫效率优化 84

4.7 容错处理 87

4.8 习题 87

第 5 章 采集手机 App 数据 89

5.1 模拟器及抓包环境配置 89

5.2 App 数据抓包 93

5.3 手机 App 数据的采集 95

5.4 习题 96

第 6 章 Scrapy 爬虫 98

6.1 Scrapy 简介 98

6.2 安装 Scrapy 99

6.3 案例：用 Scrapy 抓取股票行情 100

6.4 习题 108

第 7 章 Selenium 爬虫 109

7.1 Selenium 简介 109

7.2 安装 Selenium 111

7.3 Selenium 定位及操作元素 111

7.4 案例：用 Selenium 抓取某电商网站数据 114

7.5 习题 122

第 8 章 爬虫案例集锦 124

8.1 采集外卖平台数据 124

8.1.1 采集目标 124

8.1.2 采集代码 126

8.2 采集内容平台数据 127

8.2.1 采集目标 127

8.2.2 采集代码 129

8.3 采集招聘平台数据 130

    8.3.1 采集目标 130

    8.3.2 采集代码 132

8.4 采集知识付费平台数据 133

    8.4.1 采集目标 133

    8.4.2 采集代码 136

第 9 章　数据库连接和查询 137

9.1 使用 PyMySQL 137

    9.1.1 连接数据库 137

    9.1.2 案例：某电商网站女装行业 TOP100 销量数据 139

9.2 使用 SQLAlchemy 141

    9.2.1 SQLAlchemy 基本介绍 141

    9.2.2 SQLAlchemy 基本语法 142

9.3 MongoDB 144

    9.3.1 MongoDB 基本语法 144

    9.3.2 案例：在某电商网站搜索"连衣裙"的商品数据 145

9.4 习题 146

第 10 章　NumPy 数组操作 148

10.1 NumPy 简介 148

10.2 一维数组 149

    10.2.1 数组与列表的异同 149

    10.2.2 数组的创建 150

10.3 多维数组 151

    10.3.1 多维数组的高效性能 151

    10.3.2 多维数组的索引与切片 152

    10.3.3 多维数组的属性和方法 153

10.4 数组的运算 154

10.5 习题 155

第 11 章　pandas 数据清洗..158

　　11.1　数据读写、选择、整理和描述..158

　　　　11.1.1　从 CSV 中读取数据..160

　　　　11.1.2　向 CSV 中写入数据..161

　　　　11.1.3　数据选择..161

　　　　11.1.4　数据整理..163

　　　　11.1.5　数据描述..164

　　11.2　数据分组、分割、合并和变形..165

　　　　11.2.1　数据分组..165

　　　　11.2.2　数据分割..168

　　　　11.2.3　数据合并..169

　　　　11.2.4　数据变形..175

　　　　11.2.5　案例：旅游数据的分析与变形..177

　　11.3　缺失值、异常值和重复值处理..181

　　　　11.3.1　缺失值处理..181

　　　　11.3.2　检测和过滤异常值..184

　　　　11.3.3　移除重复值..187

　　　　11.3.4　案例：旅游数据值的检查与处理..189

　　11.4　时序数据处理..192

　　　　11.4.1　日期/时间数据转换..192

　　　　11.4.2　时序数据基础操作..193

　　　　11.4.3　案例：天气预报数据分析与处理..195

　　11.5　数据类型转换..199

　　11.6　正则表达式..201

　　　　11.6.1　元字符与限定符..201

　　　　11.6.2　案例：用正则表达式提取网页文本信息..202

　　11.7　习题..203

第 12 章　综合应用实例..206

　　12.1　按性价比给用户推荐旅游产品..206

　　　　12.1.1　数据采集..207

　　　12.1.2　数据清洗、建模 211

　12.2　通过热力图分析为用户提供出行建议 213

　　　12.2.1　某旅游网站热门景点爬虫代码 217

　　　12.2.2　提取 CSV 文件中经纬度和销量信息 220

　　　12.2.3　创建景点门票销量热力图 HTML 文件 221

第 13 章　数据可视化 224

　13.1　应用 matplotlib 画图 225

　　　13.1.1　画出各省份平均价格、各省份平均成交量柱状图 225

　　　13.1.2　画出各省份平均成交量折线图、柱状图、箱形图和饼图 227

　　　13.1.3　画出价格与成交量的散点图 228

　13.2　应用 pyecharts 画图 228

　　　13.2.1　Echarts 简介 228

　　　13.2.2　pyecharts 简介 229

　　　13.2.3　初识 pyecharts，玫瑰相送 229

　　　13.2.4　pyecharts 基本语法 230

　　　13.2.5　基于商业分析的 pyecharts 图表绘制 232

　　　13.2.6　使用 pyecharts 绘制其他图表 242

　　　13.2.7　pyecharts 和 Jupyter 245

　13.3　习题 246

第**1**章

Python 语言基础

1.1 安装 Python 环境

1.1.1 Python 3.6.2 安装与配置

根据 Windows 版本（64 位/32 位）从 Python 官网上下载对应的版本，如图 1-1 所示。

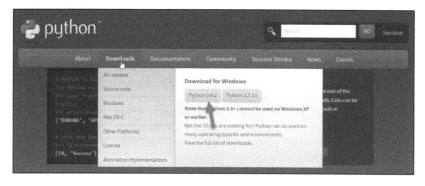

图 1-1

下载完成后，双击文件以运行安装程序安装 Python，如图 1-2 所示。

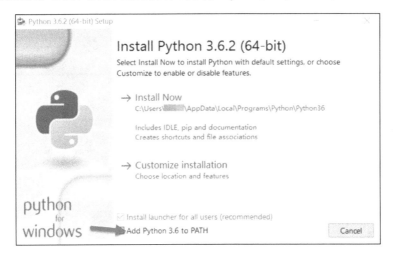

图 1-2

STEP 1：勾选"Add Python 3.6 to PATH"选项后单击"Customize installation"选项。

"Add Python 3.6 to PATH"选项用于将 Python 3.6 加入系统路径，勾选该选项会使日后的操作非常方便；如果没有勾选这个选项，就需要手动为系统的环境变量添加路径。

STEP 2：在弹出的界面中勾选所有的选项，并单击"Next"按钮，如图 1-3 所示。

选项"Documentation"表示安装 Python 的帮助文档；选项"pip"表示安装 Python 的第三方包管理工具；选项"tcl/tk and IDLE"表示安装 Python 的集成开发环境；选项"Python test suite"表示安装 Python 的标准测试套件；最后两个选项则表示允许版本更新。

图 1-3

STEP 3：保持默认勾选状态，单击"Browse"按钮，选择安装路径，如图 1-4 所示。

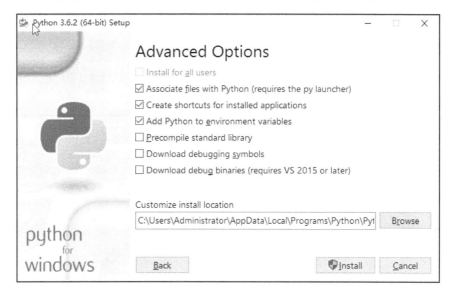

图 1-4

STEP 4：单击"Install"按钮，直至完成安装。

完成安装后，调出命令提示符，输入"python"，检查是否安装成功。如果 Python 安装成功，则将出现如图 1-5 所示的界面，即输入"python"后会看到">>>"符号。

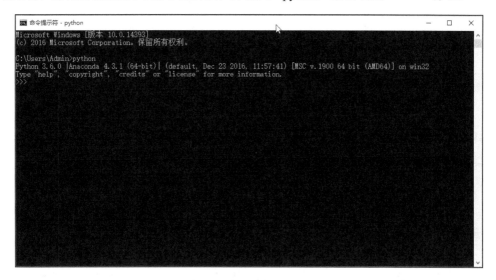

图 1-5

1.1.2 使用 IDE 工具——PyCharm

安装好环境后，还需要配置一个程序员专属工具，即 PyCharm，它是一个适合用于开发的多功能 IDE（集成开发环境），下载社区版（免费版）。

笔者使用的版本是 2017.2.2，发行日期是 2017 年 8 月 24 日，可以从 PyCharm 官网上下载，如图 1-6 所示。

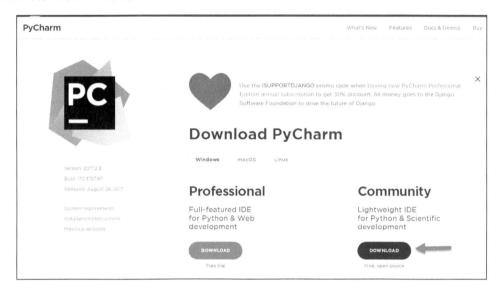

图 1-6

PyCharm 非常好用，通过 PyCharm 可以下载、安装和管理库。

1.1.3 使用 IDE 工具——Anaconda

Anaconda 是一个专门用于统计和机器学习的 IDE，它集成了 Python 和许多基础的库，如果业务场景是统计和机器学习，那么只要安装一个 Anaconda 就可以了，从而省去许多复杂的配置过程。

Anaconda 可以通过官网下载，如图 1-7 所示。

这里默认下载的是 64 位的版本，如果需要下载 32 位的版本，则可以单击"Download"按钮下的文字链接。

使用 Anaconda 不需要提前安装 Python，安装后即可运行：使用快捷键【Windows+R】打开"运行"对话框，在"打开"文本框中输入"ipython jupyter"，然后单击"确定"按钮，如图 1-8 所示。

图 1-7

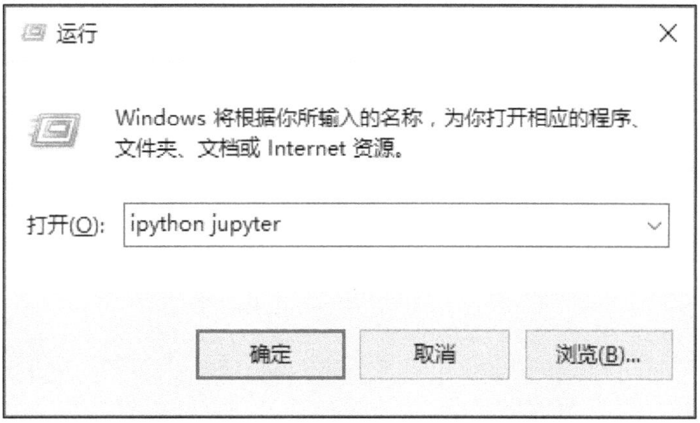

图 1-8

1.2　Python 操作入门

1.2.1　编写第一个 Python 代码

运行 PyCharm 后，需要先新建计划（Project），单击"Create New Project"选项，如图 1-9 所示。

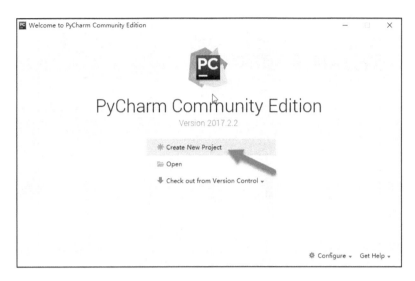

图 1-9

设置 Location（路径）和 Interpreter（翻译器），笔者同时安装了 Python 和 Anaconda，所以图 1-10 中的翻译器有两个可选项，二者的区别在于 Anaconda 中有许多预置好的库，不用再配置库了。这里选择 Python 原版的翻译器，然后单击右下角的"Create"按钮。

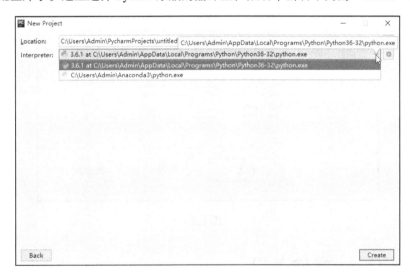

图 1-10

新建计划后，在左侧的项目窗口中右击鼠标，在弹出的快捷菜单中选择"New"→"Python File"命令，新建 Python 文件（见图 1-11）。

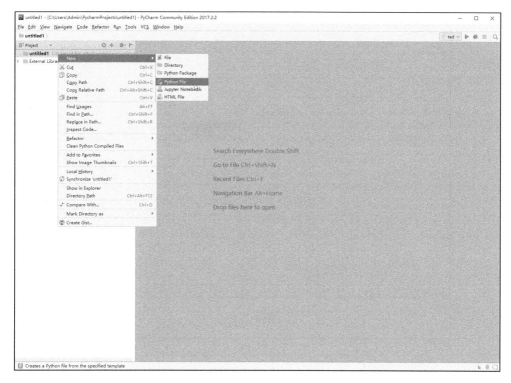

图 1-11

设置 Name（文件名），然后单击右下角的"OK"按钮（见图 1-12）。

图 1-12

新建 Python 文件后，右侧的空白区域就是代码编辑区（见图 1-13）。

从"Hello,World!"（你好，世界！）开始吧！在代码编辑区中输入"print('Hello,World!')"，print()是一个打印函数，表示将括号中的文本打印在即时窗口中。然后将鼠标光标停留在括号右侧，右击鼠标，在弹出的快捷菜单中选择"Run 'test'"命令，其中单引号中的 test 是当前的文件名，一定要注意运行的文件名和要运行的文件名保持一致。运行后可以观察到即时窗口中打印出"Hello,World!"，如图 1-14 所示。

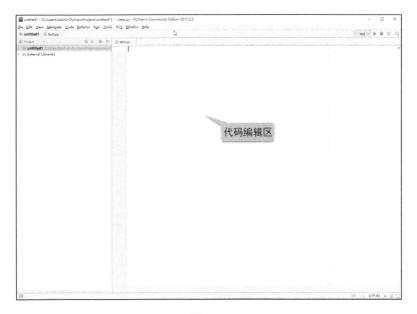

图 1-13

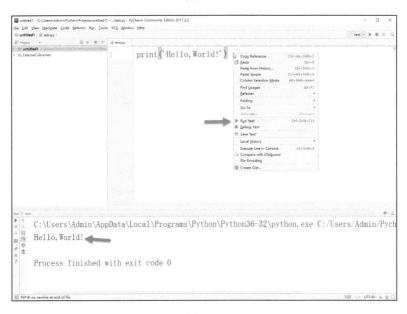

图 1-14

1.2.2　Python 基本操作

1．Python 注释

注释的目的是让阅读者能够轻松读懂每一行代码的意义，同时也为后期代码维护提供便利。在 Python 中，单行注释以#号开头，如下所示。

```
#第一个注释
print('Hello,Wold!')#第二个注释
```

Python 的多行注释用两个三引号（'''）包含起来，如下所示。

```
'''
第一行注释
第二行注释
'''
print('Hello,World!')
```

2．Python 的行缩进

Python 最具特色的就是使用缩进来表示代码块，不需要使用大括号。缩进的空格数是可变的，但是同一个代码块的语句必须包含相同的缩进空格数，缩进不一致会导致代码运行错误。

正确缩进的示例如下。

```
if True:
    print("True")
else:
    print("False")
```

错误缩进的示例如下。

```
if True:
    print("True")
else:
print("False")
```

3．多行语句

Python 通常是一行写完一条语句，但如果语句很长，则可以通过反斜杠（\）来实现多行语句。

```
weekdays="Little Robert asked his mother for two cents.\
 'What did you do with the money I gave you yesterday?'"
print(weekdays)
```

这里的输出结果为 "Little Robert asked his mother for two cents. 'What did you do with the money I gave you yesterday?'"。

4．等待用户输入

Python 中的 input()函数是用来与用户进行交互的，如下所示。

```
print("Who are you?")
you=input()
print("Hello!")
print(you)
```

此时，运行结果为"Who are you?"。

当用户输入"Lingyi"，然后按【Enter】键时，程序会继续运行，其输出结果如下。

```
Hello!
Lingyi
```

1.2.3 变量

1．变量赋值

在代码编辑区输入以下代码。

```
a = 42
print(a)
```

注意：Python 的变量无须提前声明，赋值的同时也就声明了变量。

2．变量命名

Python 中具有自带的关键字（保留字），任何变量名不能与之相同。在 Python 的标准库中提供了一个 keyword 模块，可以查阅当前版本的所有关键字，如下所示。

```
import keyword
keyword.kwlist
```

1.3　Python 数据类型

在 Python 中有 6 大数据类型：number（数字）、string（字符串）、list（列表）、tuple（元组）、set（集合）、dictionary（字典）。

1.3.1 数字

1．数字类型

Python 3 支持 4 种类型的数字：int（整数类型）、float（浮点类型）、bool（布尔类型）、complex（复数类型）。在 Python3 中可以使用 type()函数来查看数字类型，如下所示。

```
a=1                      b=3.14                   c=True
print(type(a))          print(type(b))           print(type(c))
输出结果<class 'int'>   输出结果<class 'float'>   输出结果 <class 'bool'>
```

2. 运算类型

Python 3 所支持的运算类型包括加法、减法、除法、整除、取余、乘法和乘方。

```
print((3+1))      #加法运算，输出结果为 4
print((8.4-3))    #减法运算，输出结果为 5.4
print(15/4)       #除法运算，输出结果为 3.75
print(15//4)      #整除运算，输出结果为 3
print(15%4)       #取余运算，输出结果为 3
print(2*3)        #乘法运算，输出结果为 6
print(2**3)       #乘方运算，输出结果为 8
```

1.3.2　字符串

1. 字符串类型

字符串就是在单引号、双引号和三引号之间的文字。单引号字符串示例：print('welcome to hangzhou')，其中所有的空格和制表符都照原样保留。单引号与双引号的作用其实是一样的，但是当引号里包含单引号时，则该引号需使用双引号，例如 print("what's your name?")。三引号可以指示一个多行的字符串，也可以在三引号中自由使用单引号和双引号，如下所示。

```
print('''Mike:Hi,How are you?
LiMing:Fine,Thank you!and you?
Mike:I'm fine, too! ''')
```

2. 字符串的表示方式

如果要在单引号字符串中使用单引号本身，在双引号字符串中使用双引号本身，则需要借助转义符（\），如下所示。

```
print('what\'s your name?')
```

输出结果如下。

```
what's your name?
```

注意：在一个字符串中，行末单独的反斜杠表示下一行继续，而不是开始写新的一行（详见 1.2.2 节）。另外，可以使用双反斜杠（\\）来表示反斜杠本身，而\n 表示换行符。

如果想要指示某些不需要使用转义符进行特别处理的字符串，那么需要指定一个原始字符串。原始字符串通过给字符串加上前缀 r 或 R 的方式指定，比如需要原样输出\n 而不是令其换行，则代码如下。

```
print(r"Newlines are indicated by \n")
```

输出结果如下。

```
Newlines are indicated by \n
```

3. 字符串的截取

字符串的截取格式如下所示。

```
字符串变量[start_index:end_index+1]
```

此处解释一下为什么加 1：字符串的截取从 start_index 开始，到 end_index 结束，也就是大家常理解的左闭右开，如下所示。

```
str='Lingyi'
print(str[0])    #输出结果为 L
print(str[1:4])  #输出结果为 ing
print(str[-1])   #输出结果为 i
```

4. 字符串运算

尝试下面的代码：

```
num=1
string='1'
print(num+string)
```

此时，运行程序会报错，错误提示如下所示，为什么呢？

```
TypeError: unsupported operand type(s) for +: 'int' and 'str'
```

字符串（string）只是 Python 中的一种数据类型，下面的语句在赋值的时候右侧用了单引号，数据类型是字符串。

```
string='1'
```

下面语句的数据类型为整型（int）。

```
num=1
```

不同的数据类型之间是不能进行运算的，但是，不同数据类型可以相互转换，以上代码进行修改后就可以正常运行，修改后的代码如下。

```
num=1
string='1'
num2=int(string)
print(num+num2)
```

注意："+"号用在字符串中间是连接符，用在数值中间是运算符；int()将括号中的数值或文本转换成整型数据类型。

运行代码后，即时窗口中打印的结果是 2，如图 1-15 所示。

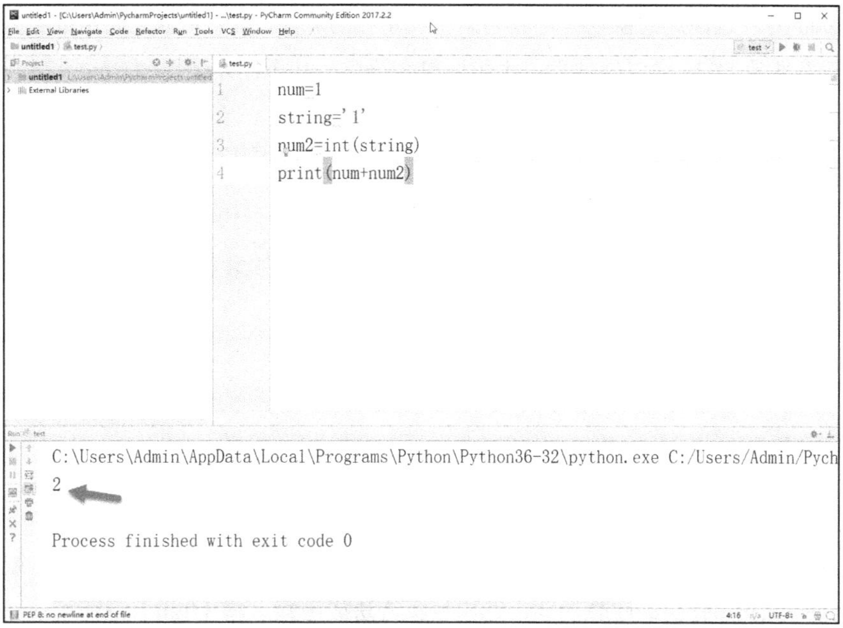

图 1-15

四则基础运算如下。

```
a=1
b=2
c=a+b
print(c)
```

因为相加的双方是数值型数据，所以此时"+"号是运算符，运行结果如下。

```
3
```

当相加的双方是字符型数据时，"+"号是连接符。

```
a=1
b=2
c='a'+'b'
print(c)
```

运行结果如下。

```
ab
```

1.3.3 列表

1. 列表格式

Python 列表是任意对象的有序集合，写在中括号（[]）里，元素之间用逗号隔开。这里的"任意对象"，既可以是列表，也可以是字符串，如下所示。

```
list=["Python",12,[1,2,3],3.14,True]
print(list)#运行结果为['Python', 12, [1, 2, 3], 3.14, True]
```

2. 列表的切片

每个 list（list 是笔者自定义的变量）中的元素从 0 开始计数，如下代码可以选取 list 中的第一个元素。

```
list=[1,2,3,4]
print(list[0])
```

运行结果如下。

```
1
```

列表删除操作可以使用 remove()方法，只需要在变量名称后面加一个点号，就可以轻松调用。PyCharm 有自动联想功能，选中目标方法或函数，按【Tab】键即可快速键入，如图 1-16 所示。

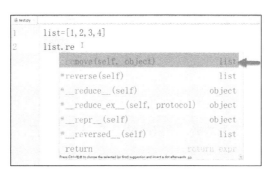

图 1-16

以下代码用于删除第 3 个元素，并用 print()函数将结果打印出来。其中 remove()方法用于删除列表的元素。

```
list.remove(3)
print(list) # 运行结果是[1, 2, 4]
```

1.3.4　元组

元组与列表类似，不同之处在于元组的元素不能修改。元组写在小括号（()）里，元素之间用逗号隔开，如下所示。

```
tuple=['abc',(76,'ly'),898,5.2]
print(tuple[1:3])
```

运行结果如下。

```
[(76,'ly'),898]
```

1.3.5　集合

集合是一个无序、不重复元素序列，可以使用大括号（{}）或 set()函数创建集合。需要注意的是，一个空集合必须使用 set()函数创建而不能使用大括号，因为大括号是用来创建空字典的，如下所示。

```
age={18,19,18,20,21,20}
print(age)
```

运行结果如下。

```
{18,19,20,21}
```

1.3.6　字典

字典是一种可变容器模型，且可存储任意类型的对象，用{}标识。字典是一个无序的键（key）值（value）对的集合，格式如下所示。

```
dic = {key1 : value1, key2 : value2 }
```

接下来创建一个字典，代码如下。

```
information={
    'name':'liming',
    'age':'24'
}
print(information)
```

运行结果如下。

```
{'name': 'liming', 'age': '24'}
```

其中 name 是一个 key（键），liming 是一个 value（值）。

当字典增加数据时，可以使用下面的方法。

```
information['sex']='boy'
print(information)
```

运行结果如下。

```
{'name': 'liming', 'age': '24', 'sex': 'boy'}
```

当字典删除数据时，可以使用 del() 函数，代码如下。

```
del information['age']
print(information)
```

运行结果如下。

```
{'name': 'liming', 'sex': 'boy'}
```

1.4 Python 语句与函数

1.4.1 条件语句

接下来进行登录验证操作，首先给变量 password（密码）赋值，然后判断 password 是否正确，正确就打印"login success!"（登录成功！），错误就打印"wrong password"（密码错误）。

```
password = '12345'
if password == '12345':
    print('login sucess!')
else:
    print('wrong password')
```

在 Python 中判断是否相等可以使用两个等号"=="（单个等号表示赋值）。

条件语句的语法如下。

```
if 判断条件:
    执行语句……
else:
    执行语句……
```

1.4.2 循环语句

在 Python 中要注意缩进，循环语句根据缩进来判断执行语句的归属。

下面用 for 语句实现 1～9 的累加。

```
sum=0
for i in range(1,10,1):#不包含 10，实际为 1~9
    sum=i+sum
print(sum)
```

运行结果如下。

```
45
```

其中 range 表示范围，i 从 1（第 1 个参数）开始迭代，每次加 1（第 3 个参数），直到 i 变成了 10（第 2 个参数）结束，因此当 i=10 时不执行语句，for 循环是 9 次迭代。#号代表注释，其后面的文本不会被执行。在 PyCharm 中，如果要注释代码，则可以选中代码后按组合键【Ctrl+/】。

for 的语法如下。

```
for 迭代变量 in 迭代次数：
    执行语句……
```

如果是列表或字典，则不用 range()函数，直接用列表或字典，此时 i 表示列表或字典中的元素，代码如下。

```
list=[1,2,3,4]
for i in list:
    print(i)
```

运行结果如下。

```
1
2
3
4
```

1.4.3　函数

在刚刚接触的函数中，print()是将结果打印出来的函数，int()是将字符串类型转换成数据类型的函数。类似这种函数，统称为内建函数，内建函数可以直接调用。

有内就有外，外建函数其实就是通常所讲的自定义函数。

自定义函数的语法如下。

```
def f(x):
    定义过程
    return f(x)
```

def（define，定义）是创建函数的方法，下面用 def 创建方程：y=5x+2。

```
def y(x):
    y=5*x+2
    return y
# 下面调用自定义函数 y
d=y(5)
print(d)
```

运行结果如下。

```
27
```

1.5 习题

一、选择题

1. 关于 Python 语言的注释，以下选项中描述错误的是（   ）。

   A．Python 语言的单行注释以#号开头

   B．Python 语言的单行注释以单引号开头

   C．Python 语言的多行注释以''' （三个单引号）开头和结尾

   D．Python 语言有两种注释方式：单行注释和多行注释

2. 关于 Python 程序格式框架的描述，以下选项中错误的是（   ）。

   A．Python 语言的缩进可以通过按【Tab】键实现

   B．Python 单层缩进代码属于之前最邻近的一行非缩进代码，多层缩进代码根据缩进关系决定所属范围

   C．判断、循环、函数等语法形式能够通过缩进包含一批 Python 代码，进而表达对应的语义

   D．Python 语言不采用严格的"缩进"来表明程序的格式框架

3. Python 文件的后缀名是（   ）。

   A．.pdf   B．.do   C．.pass   D．.py

4. 以下选项中，不是 Python 对文件的打开模式的是（   ）。

   A．'+'   B．'w'   C．'c'   D．'r'

5. 下列快捷键中能够中断（Interrupt Execution）Python 程序运行的是（   ）。

   A．【F6】   B．【Ctrl＋C】   C．【Ctrl＋F6】   D．【Ctrl＋Q】

6. 在 Python 中，关于全局变量和局部变量，以下选项中描述不正确的是（   ）。

   A．一个程序中的变量包含两类：全局变量和局部变量

    B. 全局变量不能和局部变量重名

    C. 全局变量一般没有缩进

    D. 全局变量在程序执行的全过程中有效

7. 以下选项中不符合 Python 语言变量命名规则的是（　　）。

    A. I   B. 3_1   C. _AI   D. TempStr

8. Python 不支持的数据类型有（　　）。

    A. char   B. int   C. float   D. list

9. 关于字符串，下列说法错误的是（　　）。

    A. 字符应该视为长度为 1 的字符串

    B. 字符串以\0 标志字符串的结束

    C. 既可以用单引号，也可以用双引号创建字符串

    D. 在三引号字符串中可以包含换行、回车等特殊字符

10. str="Lingyishuju"，请问下列哪个选项可以截取出 "Lingyi"？（　　）

    A. str[1:6]   B. str[1:7]   C. str[0:5]   D. str[0:6]

11. 假如 a = 'abcd'，若想将 a 变为'abce'，则下列语句正确的是（　　）。

    A. a[3] = 'e'   B. a[4] = 'e'   C. a.replace('e','d') D. a = a[:3] + 'e'

12. 下面哪一个函数可以实现删除列表指定位置的元素？（　　）

    A. append()   B. pop()   C. del()   D. remove()

13. 下列哪种不是 Python 元组的定义方式？（　　）

    A. (1)   B. (1,)   C. (1, 2)   D. (1, 2, (3, 4))

14. 长度为 100 的 Python 列表、元组和字符串中最后一个元素的下标为（　　）。

    A. -1   B. N   C. 100   D. 101

15. 以下不能创建一个字典的语句是（　　）。

    A. dict1 = {}   B. dict2 = { 3 : 5 }

    C. dict3 = {[1,2,3]: "uestc"}   D. dict4 = {(1,2,3): "uestc"}

16. 以下选项中不能生成一个空字典的是（　　）。

    A. {}   B. dict([])   C. {[]}   D. dict()

17. 下面的语句哪个会无限循环下去？（　　）

    A. for a in range(10):

time.sleep(10)

    B. while 1<10:

```
time.sleep(10)
```

C.　while True:

```
break
```

D.　a = [3,-1,',']

```
for i in a[:]:
    if not a:
        break
```

18.　关于 Python 循环结构，以下选项中描述错误的是（　　）。

A.　每个 continue 语句只能跳出当前层次的循环

B.　break 用来跳出最内层 for 或 while 循环，脱离该循环后程序从循环代码后继续执行

C.　遍历循环中的遍历结构可以是字符串、文件、组合数据类型和 range() 函数等

D.　Python 通过 for、while 等保留字提供遍历循环和无限循环结构

19.　若 x = "foo"，y = 2，则 print(x + y) 的结果为（　　）。

A.　foo　　　　　　B.　foofoo　　　　　　C.　foo2

D.　2　　　　　　　E. must be str, not int

20.　下面哪项代码会输出 1、2、3 三个数字？（　　）

A.　for i in range(3):

```
    print(i)
```

B.　List = [0,1,2]

```
    for i in List:
        print(i+1)
```

C.　i = 1

```
    while i < 3:
        print(i)
    i+=1
```

D.　for i in range(4):

```
        print(i)
```

21.　Python 如何定义一个函数？（　　）

A.　class<name>(<type> arg1,<type> arg2,...<type>argN)

B.　function <name>(arg1,arg2,...argN)

    C．def <name>(arg1,arg2,...argN)

    D．def <name>(<type> arg1,<type> arg2,...<type>argN)

22．关于函数，以下选项中描述错误的是（　　）。

    A．函数能完成特定的功能，对函数的使用不需要了解函数内部实现原理，只要了解函数的输入/输出方式即可

    B．使用函数的主要目的是降低编程难度和代码重用

    C．Python 使用 del 保留字定义一个函数

    D．函数是一段具有特定功能的、可重用的语句组

23．关于函数的可变参数，可变参数*args 传入函数时存储的类型是（　　）。

    A．dict   B．tuple   C．list   D．set

24．下列代码执行的结果是什么？（　　）

```
x = 1
def change(a):
    x += 1
    print（x）
change(x)
```

    A．1   B．2   C．3   D．报错

25．以下哪两种文件打开效果相同？（　　）

    A．open(filename,'r')   B．open(filename,"w+")

    C．open(filename,"rb")   D．open(filename,"w")

26．Python 中函数是对象，以下描述正确的是（　　）。

    A．函数可以赋值给一个变量

    B．函数不可以作为元素添加到集合对象中

    C．函数可以作为参数值传递给其他函数

    D．函数可以当作函数的返回值

27．Python 中列表切片操作非常方便，若 1=range(100)，则以下哪种形式是正确的？（　　）

    A．l[-3]   B．l[-2:13]   C．l[::3]   D．l[2-3]

28．若 a = (1, 2, 3)，则下列哪些操作是合法的？（　　）

    A．a[1:-1]   B．a*3   C．a[2] = 4   D．list(a)

29．下列关于函数的表述正确的是（　　）。

    A．任何传入参数和自变量必须放在圆括号之间，圆括号之间可以用于定义参数

B. 函数的第一行语句可以选择性地使用文档字符串——用于存放函数说明

C. 函数内容以逗号起始，并且缩进

D. 可以用 return 结束函数，选择性地返回一个值给调用方

二、判断题

1. Python 是一种跨平台、开源、免费的高级动态编程语言。（   ）

2. Python 3.x 完全兼容 Python 2.x。（   ）

3. Python 通常是一行写完一条语句，但是若语句很长，则可以通过"\"来实现多行语句。（   ）

4. 如果要在单引号中引用单引号，则需要使用反斜杠（\）转义。（   ）

5. Python 中自带的关键字可以用作变量名。（   ）

6. Python 的变量无须提前声明。（   ）

7. 在 Python 中可以使用 if 作为变量名。（   ）

8. 不同数据类型之间是不能进行运算的，但是不同数据类型可以相互转换。（   ）

9. x = 9999**9999 这样的语句在 Python 中无法运行，因为数字太大了，超出了整型变量的表示范围。（   ）

10. int()的作用是将括号中的数值或文本转换为字符串。（   ）

11. 加法运算符可以用来连接字符串并生成新字符串。（   ）

12. 3+4j 是合法 Python 数字类型。（   ）

13. 使用 Python 列表的 insert()方法为列表插入元素时会改变列表中插入位置之后元素的索引。（   ）

14. 表达式 list('[1, 2, 3]') 的值是[1, 2, 3]。（   ）

15. 元组是不可变的，不支持列表对象的 insert()、remove()等方法，也不支持使用 del 命令删除其中的元素，但可以使用 del 命令删除整个元组对象。（   ）

16. Python 集合中的元素可以是列表。（   ）

17. 列表和元组都可作为字典的"键"。（   ）

18. 元组的访问速度比列表要快一些，如果定义了一系列常量值，并且主要用途仅仅是对其进行遍历而不需要进行任何修改，则建议使用元组而不使用列表。（   ）

19. 创建一个空集合必须用 set()函数而不是{ }，因为{ }是用来创建一个空字典的。（   ）

20. 删除列表中重复元素最简单的方法是将其转换为集合后再重新转换为列表。（   ）

21. 集合（set）是一个无序、不重复元素序列。（   ）

22. "=="的作用是赋值。（　　）

23. 带有 else 子句的循环如果因为执行了 break 语句而退出，则会执行 else 子句中的代码。（　　）

24. 函数中必须包含 return 语句。（　　）

25. 如果仅仅用于控制循环次数，那么使用 for i in range(20)和 for i in range(20, 40)的作用是等价的。（　　）

26. int()函数是内建函数，内建函数可以直接调用。（　　）

三、填空题

1. Python 安装扩展库常用的工具是_____。

2. 列表、元组、字符串是 Python 的_____（有序/无序）序列。

3. Python 序列类型包括_____、_____、_____3 种。

4. 查看变量类型的 Python 内置函数是_____。

5. 已知 x = 3，那么执行语句 x += 6 之后，x 的值为_____。

6. 已知 x=3 和 y=5，那么执行语句 x, y=y, x 后 x 的值是_____。

7. 表达式 15//4 的值为_____。

8. 表达式 'ab' in 'acbed' 的值为_____。

9. 设 s = "abcdefg"，则 s[3]值是_____，s[2:4]值是_____，s[:5]值是_____。

10. Python 语句 list(range(1,10,3))的执行结果为 _____。

11. 字典对象的_____方法返回字典的"键"列表。

12. 任意长度的 Python 列表、元组和字符串中第一个元素的下标为 _____。

13. 使用____ 命令既可以删除列表中的一个元素，也可以删除整个列表。

14. 在 Python 中_____表示空类型。

15. Python 关键字 elif 表示_____和_____两个单词的缩写。

四、实操题

1. 循环打印嵌套列表：movies=["the holy",1975,"terry jones",91,["graham", ["michael","john", "gilliam","idle","haha"]]]，实现以下形式的输出。

The holy

1975

.

.

.

haha

```
the holy
1975
terry jones
91
graham
michael
john
gilliam
idle
haha
```

2. 有值集合[11,22,33,44,55,66,77,88,99,90]，将所有大于 66 的值保存至字典的第一个 key 的值中，将所有小于 66 的值保存至字典的第二个 key 的值中，即{'k1':大于 66 的所有值,'k2':小于 66 的所有值}。

3. 运用条件语句与 for 循环解决如下问题：现有 1、2、3、4 4 个数字，能组成多少个互不相同且无重复数字的三位数？分别是多少？

4. 编写一个 while 循环，提示用户输入其名字。当用户输入其名字后，在屏幕上打印一句问候语，并将一条访问记录添加到文件 guest_book.txt 中。确保这个文件中的每条记录都独占一行。此外，设置当输入 q 时停止本程序。

5. 用函数实现如下要求。

（1）随机生成 20 个学生的成绩。

（2）判断这 20 个学生成绩的等级（A：大于 90 分小于或等于 100 分；B：大于 80 分小于或等于 90 分；C：80 分及以下）。

第**2**章

数据采集的基本知识

2.1 关于爬虫的合法性

几乎每个网站都有一个名为robots.txt的文档,当然也有部分网站没有设定robots.txt。对于没有设定 robots.txt 的网站,可以通过网络爬虫获取没有口令加密的数据,也就是该网站所有页面数据都可以被爬取。如果网站有 robots.txt 文档,就要判断是否有禁止访客获取的数据。

以某电商网站为例,如图 2-1 所示。该电商网站允许部分爬虫访问它的部分路径,而对于没有得到允许的用户,则全部禁止爬取,代码如下。

```
User-Agent:  *
Disallow:  /
```

以上代码的意思是除前面指定的爬虫外,不允许其他爬虫爬取任何数据。

```
https://www..com/robots.txt

User-agent: spider
Allow: /article
Allow: /oshtml
Allow: /wenzhang
Disallow: /product/
Disallow: /

User-Agent: bot
Allow: /article
Allow: /oshtml
Allow: /product
Allow: /spu
Allow: /dianpu
Allow: /wenzhang
Allow: /oversea
Disallow: /

User-agent: bot
Allow: /article
Allow: /oshtml
Allow: /product
Allow: /spu
Allow: /dianpu
Allow: /wenzhang
Allow: /oversea
Disallow: /

User-Agent: Spider
Allow: /article
Allow: /oshtml
Allow: /wenzhang
Disallow: /

User-Agent: spider
Allow: /article
Allow: /oshtml
Allow: /wenzhang
Disallow: /

User-Agent: spider
Allow: /article
Allow: /oshtml
Allow: /product
Allow: /wenzhang
Disallow: /

User-Agent: Slurp
Allow: /product
Allow: /spu
Allow: /dianpu
Allow: /wenzhang
Allow: /oversea
Disallow: /

User-Agent: *
Disallow: /
```

图 2-1

2.2　了解网页

以某旅游网首页为例，如图 2-2 所示。抓取该旅游网首页首条信息（标题和链接），数据以明文的形式出现在源码中。

图 2-2

在该旅游网首页，按快捷键【Ctrl+U】打开源码页面，如图 2-3 所示。

```
<!DOCTYPE html PUBLIC "-//W3C//DTD XHTML 1.0 Transitional//EN" "http://www.w3.org/TR/xhtml1/DTD/xhtml1-transitional.dtd">
<html xmlns="http://      .org/1999/xhtml">
<head>
<meta http-equiv="Content-Type" content="text/html;charset=utf-8"/>
<meta http-equiv="X-UA-Compatible" content="IE=Edge,chrome=1" />
<title>      ——      </title>
<meta name="keywords" content="      ,旅游网站,中国旅游,      ,中国旅行,旅游网,旅游攻略,国家旅游,旅游社区,中国景点网,旅游网站,旅游网,旅游网站,旅游网,,旅游网站,旅游网,"/>
<meta name="description" content="      的旅游媒体平台和旅游综合社区。服务电话：400-040-5261，      ,中国旅游,旅游攻略,旅游资讯,旅游网站,      ,旅游攻略,      ,旅游资讯,      ,中国旅游,      ,旅游网,      ,景点介绍,城市旅游,      ,旅游门户,      ,旅游网站,旅游网,旅游攻略,      ,旅游资讯,      "/>
<link rel="stylesheet" type="text/css" href="/style/blue/css/common.css"/>
<link rel="stylesheet" type="text/css" href="/style/blue/css/index.css"/>
<link type="text/css" href="/sys/css/ui-lightness/jquery-ui.css" rel="stylesheet" />
<link type="text/css" href="/css/aircraft.css" rel="stylesheet" />
<style type="text/css">
/** 搜索城市切换样式 **/
#cityMenu{width:146px;border:1px #D6D6D6 solid;background:#fff;padding:2px 4px 6px 4px;display:none;position:absolute;left:0px !important;top:27px !important;}
#cityMenu .title{width:148px;color:#666;border-bottom:1px #ddd dashed;height:22px;line-height:22px;padding:0 4px;margin-bottom:4px;font-size:12px;font-family:Arial, Helvetica, sans-serif;}
#cityMenu .text{height:23px;line-height:23px;color:#360;font-family:Arial, Helvetica, sans-serif;padding:0 4px;cursor:pointer;}
#cityMenu .text span{float:right;text-align:right;font-family:"宋体";}
#cityMenu .selected{background:#f0fdde;}
.hotels .ui-tabs-nav li{width:auto;}
.visacontainer li{border:1px solid #eee;float:left;height:43px;line-height:43px;margin:0 10px 10px 0;overflow:hidden;padding:5px;width:294px;}
.visacontainer li span{float:right;}
.visacontainer li em{color:#f60;font-size:14px;}
.visacontainer li img{display:inline-block !important;padding-right:10px;vertical-align:top;background:none !important}
.visacontainer li b{display:inline-block;font-weight:normal;}
.equipment h2{background-position:0 -542px;}
.equipment .rightList li dl{border:1px solid #eee;}
.equipment .modeNav li a{background:none repeat scroll 0 0 #09f;display:block;}
</style>
```

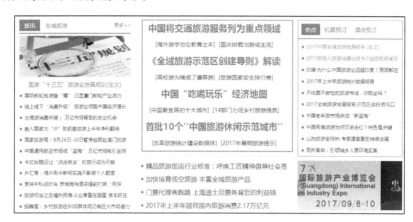

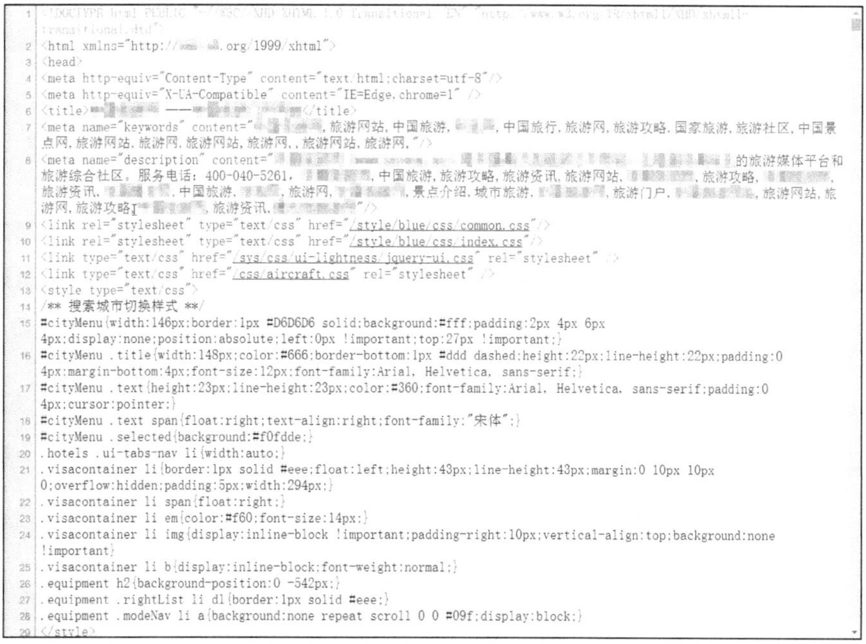

图 2-3

2.2.1 认识网页结构

网页一般由三部分组成，分别是 HTML（超文本标记语言）、CSS（层叠样式表）和 JScript（活动脚本语言）。

1．HTML

HTML 是整个网页的结构，相当于整个网站的框架。带 "<" ">" 符号的都属于 HTML 的标签，并且标签都是成对出现的。

常见的标签如下。

```
<html>..</html>        表示标记中间的元素是网页
<body>..</body>        表示用户可见的内容
<div>.. </div>         表示框架
<p>..</p>              表示段落
<li>..</li>            表示列表
<img>..</img>          表示图片
<h1>..</h1>            表示标题
<a href="">..</a>      表示超链接
```

2．CSS

CSS 表示样式。图 2-3 中第 13 行<style type="text/css">表示将在下面引用一个 CSS，并在 CSS 中定义了对应的样式。

3．JScript

JScript 表示功能。交互的内容和各种特效都在 JScript 中，JScript 描述了网站中的各种功能。

如果把网页比喻为人体，那么 HTML 是人的骨架，并且定义了人的嘴巴、眼睛、耳朵等要长在哪里；CSS 表示人的外观细节，如嘴巴长什么样子，眼睛是双眼皮还是单眼皮，是大眼睛还是小眼睛，皮肤是黑色的还是白色的等；JScript 表示人的技能，如跳舞、唱歌或演奏乐器等。

2.2.2 写一个简单的 HTML

通过编写和修改 HTML，可以更好地理解 HTML。首先打开一个记事本，然后输入下面的内容。

```
<html>
<head>
    <title> Python3 爬虫与数据清洗入门与实战</title>
</head>
```

```
<body>
    <div>
        <p> Python3 爬虫与数据清洗入门与实战</p>
    </div>
    <div>
        <ul>
            <li><a href="http://www.******.com">爬虫</a></li>
            <li>数据清洗</li>
        </ul>
    </div>
</body>
</html>
```

输入代码后，保存记事本，然后按图 2-4 所示的方式修改文件名和后缀名。

图 2-4

运行该文件后的效果如图 2-5 所示。

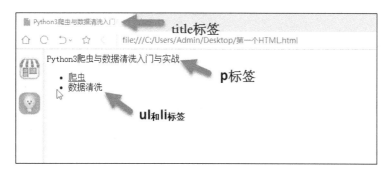

图 2-5

以上代码只用到了 HTML，读者可以自行修改代码中的中文，然后观察其变化。

2.3　使用 requests 库请求网站

2.3.1　安装 requests 库

首先在 PyCharm 中安装 requests 库，为此打开 PyCharm，单击"File"（文件）菜单，选择"Default Settings"（默认设置）命令，如图 2-6 所示。

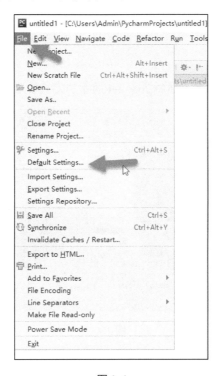

图 2-6

在弹出的对话框中选择"Project Interpreter"（项目编译器）命令，确认当前选择的编译器，然后单击右上角的"+"按钮，如图 2-7 所示。

在搜索框中输入"requests"（注意，一定要输入完整，否则容易出错），勾选"Install to user's site packages directory"（安装到用户的站点库目录）选项，如果不勾选该选项，则会安装在临时目录中；然后单击左下角的"Install Package"（安装库）按钮，如图 2-8 所示。

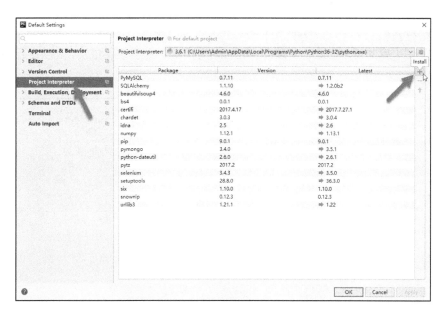

图 2-7

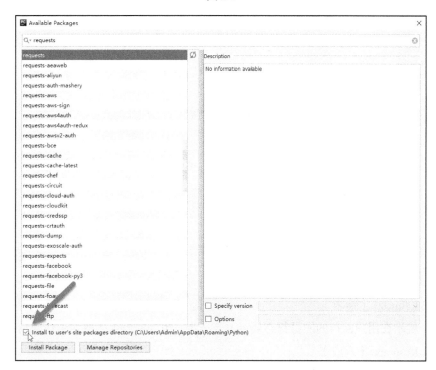

图 2-8

安装完成后，会在"Install Package"按钮上方显示"Package 'requests' installed successfully"（库的请求已成功安装），如图 2-9 所示；如果安装不成功，则会显示不成功的提示信息。

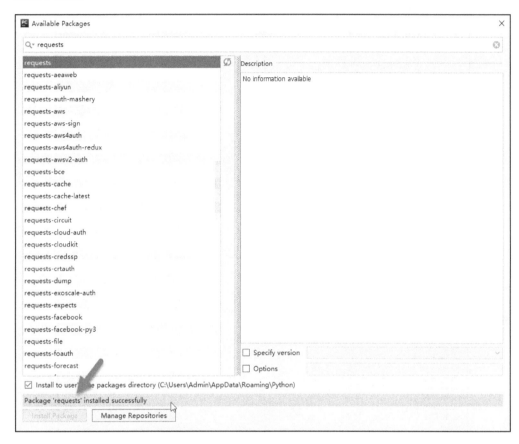

图 2-9

2.3.2 爬虫的基本原理

1．网页请求的过程

（1）Request（请求）。

每个展示在用户面前的网页都必须经过这一步，也就是向服务器发送访问请求。

（2）Response（响应）。

服务器在接收到用户的请求后，会验证请求的有效性，然后向用户（客户端）发送响应的内容；客户端接收服务器响应的内容，将内容展示出来，这就是我们所熟悉的网页请求，如图 2-10 所示。

图 2-10

2．网页请求的方式

（1）GET：最常见的方式，一般用于获取或查询资源信息，参数设置在 URL 中，其也是大多数网站使用的方式，只需一次发送和返回，响应速度快。

（2）POST：相比 GET 方式，POST 方式通过 request body 传递参数，可发送请求的信息远大于 GET 方式。

所以，在写爬虫前要先确定向谁发送请求，用什么方式发送请求。

2.3.3 使用 GET 方式抓取数据

复制任意一条首页首条新闻的标题，在源码页面按【Ctrl+F】组合键调出搜索框，将标题粘贴到搜索框中，然后按【Enter】键。

如图 2-11 所示，标题可以在源码中搜索到，请求对象是 www.******.cn，请求方式是 GET（所有在源码中的数据请求方式都是 GET）。

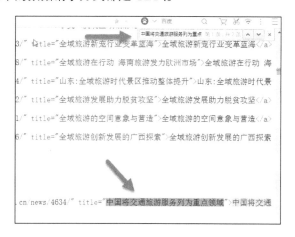

图 2-11

确定好请求对象和方式后，在 PyCharm 中输入以下代码。

```
import requests                    # 导入 requests 包
url='http://www.******.cn/'
strhtml=requests.get(url)         # GET 方式，获取网页数据
print(strhtml.text)
```

代码运行结果如图 2-12 所示。

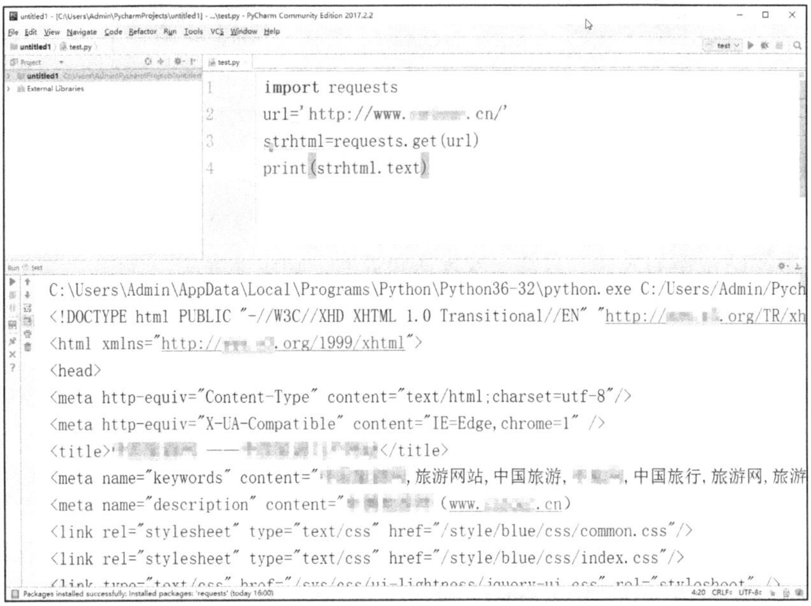

图 2-12

加载库使用的语句是 import+库的名称。在上述过程中，加载 requests 库的语句是 import requests。

用 GET 方式获取数据需要调用 requests 库中的 get 方法，使用方法是在 requests 后输入英文点号（.），如下所示。

```
requests.get
```

将获取到的数据保存到 strhtml 变量中，代码如下。

```
strhtml=requests.get(url)
```

这时 strhtml 是一个 URL 对象，它代表整个网页，但此时只需要网页中的源码，下面的语句表示网页源码。

```
strhtml.text
```

2.3.4　使用 POST 方式抓取数据

首先进入某翻译页面，然后按快捷键【F12】进入开发者模式，单击"Network"选项卡，此时内容为空，如图 2-13 所示。

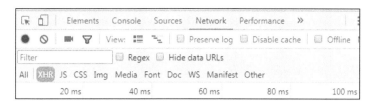

图 2-13

在翻译页面中输入"我爱中国",单击"翻译"按钮,如图 2-14 所示。

图 2-14

在开发者模式中,依次单击"Network"→"XHR",找到翻译数据,如图 2-15 所示。

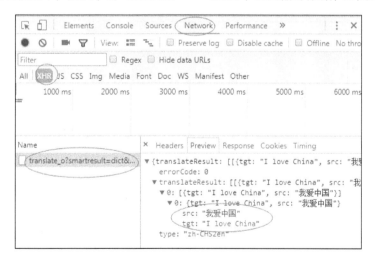

图 2-15

单击"Headers"选项卡,发现请求数据的方式为 POST,如图 2-16 所示。

图 2-16

找到数据所在之处并且明确请求方式之后，接下来开始撰写爬虫。

首先，将 Headers 中的 URL 复制出来，并赋值给 url，代码如下。

```
url = ' http://fanyi.******.com/translate?smartresult=dict&smartresult=
rule'
```

POST 请求获取数据的方式不同于 GET，GET 可以通过 URL 传递参数，而 POST 参数则需要放在请求实体里。Form Data 中的请求参数如图 2-17 所示，将其复制并构建一个新字典。

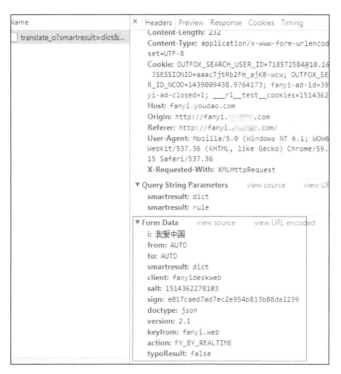

图 2-17

```
Form_data= {'i': '我爱中国', 'from':'AUTO','to': 'AUTO','smartresult':
'dict', 'client':'fanyideskweb',
            'salt':'1512399450582','sign':' 78181ebbdcb38de9b4a3f4cd1d
38816b', 'doctype':'json',
            'version':'2.1','keyfrom':'fanyi.web',
            'action':'FY_BY_CLICKBUTTION','typoResult':'false'}
```

接下来使用 requests.post()方法请求表单数据，代码如下。

```
import requests
response = requests.post(url, data=Form_data)
```

将字符串格式的数据转换成 JSON 格式的数据，并根据数据结构提取数据，将翻译结果打印出来，代码如下。

```
import json
content = json.loads(response.text)
print(content['translateResult'][0][0]['tgt'])
```

使用 requests.post()方法抓取翻译结果的完整代码如下。

```
import requests
import json
def get_translate_date(word=None):
    url='http://fanyi.******.com/translate?smartresult=dict&smartresult
=rule'
    Form_data = {'i':word, 'from':'AUTO','to': 'AUTO','smartresult':
'dict', 'client':'fanyideskweb',
            'salt':'1512399450582','sign':'78181ebbdcb38de9b4a3f4c
d1d38816b','doctype':'json',
            'version': '2.1','keyfrom':'fanyi.web','action':'FY_
BY_CLICKBUTTION','typoResult':'false'}
    # 请求表单数据
    response = requests.post(url, data=Form_data)
    # 将 JSON 格式的字符串转换成字典
    content = json.loads(response.text)
    # 打印翻译后的数据
    print(content['translateResult'][0][0]['tgt'])
get_translate_date('我爱数据')
```

2.4 使用 Beautiful Soup 解析网页

通过 requests 库已经抓取到网页源码，接下来要从源码中找到并提取数据。Beautiful

Soup 是 Python 的一个库，其主要功能是从网页中抓取数据。Beautiful Soup 目前已经被移植到 bs4 库中，也就是说在导入 Beautiful Soup 时需要先安装 bs4 库。安装 bs4 库的方式如图 2-18 所示。

图 2-18

安装好 bs4 库以后，还需安装 lxml 库。如果我们不安装 lxml 库，就会使用 Python 默认的解析器。尽管 Beautiful Soup 既支持 Python 标准库中的 HTML 解析器，又支持一些第三方解析器，但是 lxml 库功能更强大、速度更快，因此笔者推荐安装 lxml 库。安装 Python 第三方库后，输入下面的代码，即可开启 Beautiful Soup 之旅。

```
from bs4 import  BeautifulSoup            # 从 bs4 库中导入 Beautiful Soup

import requests                           # 导入 requests 包
url='http://www.******.cn/'
strhtml=requests.get(url)                 # GET 方式，获取网页数据
print(strhtml.text)

soup=BeautifulSoup(strhtml.text,'lxml')# 使用 lxml 库解析网页文档
data=  soup.select('#main >  div >  div.mtop.firstMod.clearfix >
```

```
div.centerBox > ul.newsList > li > a')                    # 获取数据
    print(data)
```

代码运行结果如图 2-19 所示。

Beautiful Soup 库能够轻松解析网页信息，它被集成在 bs4 库中，需要时可以从 bs4 库中调用。其表达语句如下。

```
from bs4 import BeautifulSoup
```

图 2-19

首先，HTML 文档将被转换成 Unicode 编码格式，然后 Beautiful Soup 选择最合适的解析器来解析这个文档，此处指定 lxml 库进行解析。解析后便将复杂的 HTML 文档转换成树形结构，并且每个节点都是 Python 对象。这里将解析后的文档存储到新建的变量 soup 中，代码如下。

```
soup=BeautifulSoup(strhtml.text,'lxml')
```

接下来用 select（选择器）定位数据，在定位数据时需要使用浏览器的开发者模式，将鼠标光标停留在对应的数据位置并右击，在弹出的快捷菜单中选择"检查"命令，如图 2-20 所示。

图 2-20

随后在浏览器右侧会弹出开发者界面，右侧高亮的代码（见图 2-21（b））对应着左侧高亮的数据文本（见图 2-21（a））。右击右侧高亮的代码，在弹出的快捷菜单中选择"Copy"→"Copy selector"命令，便可以自动复制路径。

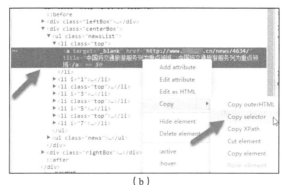

（a）

（b）

图 2-21

将路径粘贴到文档中，代码如下。

```
#main > div > div.mtop.firstMod.clearfix > div.centerBox >
ul.newsList > li:nth-child(1) > a
```

由于这条路径是选中的第一条新闻的路径，而我们需要获取所有的头条新闻，因此将 li:nth-child(1)中冒号（包含冒号）后面的部分删掉，代码如下。

```
#main > div > div.mtop.firstMod.clearfix > div.centerBox >
ul.newsList > li > a
```

使用 soup.select 引用这个路径，代码如下。

```
data= soup.select('#main > div > div.mtop.firstMod.clearfix >
div.centerBox > ul.newsList > li > a')
```

2.5　清洗和组织数据

至此，我们获得了一段目标的 HTML 代码，但还没有把数据提取出来，接下来在 PyCharm 中输入以下代码。

```
for item in data:                    #soup 匹配到的有多个数据，用 for 循环取出
    result={
        'title':item.get_text(),
        'link':item.get('href')
    }
    print(result)
```

代码运行结果如图 2-22 所示。

图 2-22

41

首先明确要提取的数据是标题和链接，标题在<a>标签中，提取标签的正文用 get_text()方法；链接在<a>标签的 href 属性中，提取标签中的 href 属性用 get()方法，在括号中指定要提取的属性数据，即 get('href')。

从图 2-23 中可以发现，每篇文章的链接中都有一个数字 ID。下面用正则表达式提取这个 ID。

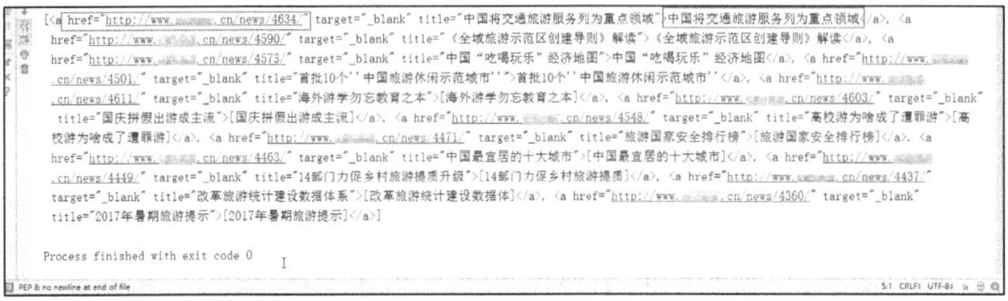

图 2-23

需要使用的正则符号如下。

- \d：匹配数字。
- +：匹配前一个字符 1 次或多次。

在 Python 中调用正则表达式时使用 re 库，这个库不用安装，可以直接调用。在 PyCharm中输入以下代码。

```
import re

for item in data:
    result={
        'title':item.get_text(),
        'link':item.get('href'),
        'ID':re.findall('\d+',item.get('href'))
    }
    print(result)
```

运行结果如图 2-24 所示。

这里使用 re 库的 findall()方法，第一个参数表示正则表达式，第二个参数表示要提取的文本。

2.6　爬虫攻防战

爬虫是模拟人的浏览访问行为，进行数据的批量抓取。当抓取的数据量逐渐增大时，会给被访问的服务器造成很大的压力，甚至有可能崩溃。换句话说就是，服务器是不喜欢有人抓取自己的数据的。那么，网站方面就会针对这些爬虫者采取一些反爬策略。

图 2-24

服务器识别爬虫的一种方式是通过检查连接的 User-Agent 来识别到底是浏览器访问的还是代码访问的。如果是代码访问的，当访问量增大时，服务器就会直接封掉来访 IP。

那么应对这种初级的反爬机制，我们应该采取何种举措？

还是以 2.3 节的爬虫为例。在进行访问时，我们在开发者环境下不仅可以找到 URL、Form Data，还可以在 Request Headers 中构造浏览器的请求头，封装自己。服务器识别浏览器访问的方法就是判断 keywor 是否为 Request Headers 下的 User-Agent，如图 2-25 所示。因此，我们只需要构造这个请求头的参数。创建请求头部信息即可，代码如下。

```
headers = {'User-Agent': 'Mozilla/5.0 (Windows NT 6.1; WOW64)
AppleWebKit/537.36 (KHTML, like Gecko) Chrome/43.0.2357.124 Safari/ 537.36'}
response = requests.get(url, headers=headers)
```

至此，很多读者会认为修改 User-Agent 很简单。确实很简单，但是正常人 1 秒钟看一张图，而爬虫 1 秒钟可以抓取好多张图，比如 1 秒钟抓取上百张图，那么服务器的压力必然会增大。也就是说，在一个 IP 下批量访问、下载图片，这种行为不符合正常人类的行为，肯定要被封掉 IP。其原理也很简单，就是统计每个 IP 的访问频率，该频率超过阈值就会返回一个验证码，如果真的是用户在进行访问，用户就会填写验证码，然后继续访问；如果是代码在进行访问，就会被封掉 IP。

解决以上问题有两种方法，第一种方法就是常用的增设延时，每 3 秒钟抓取一次，代码如下。

```
import time
time.sleep(3)
```

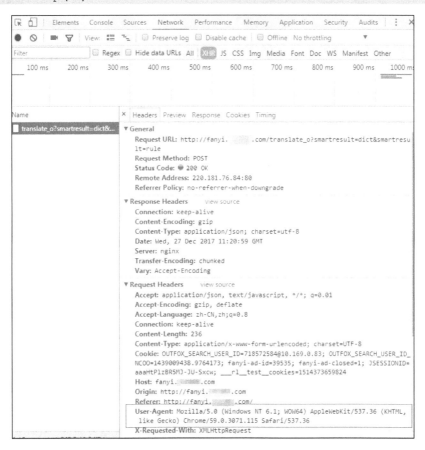

图 2-25

但是，我们写爬虫的目的是为了高效批量抓取数据，这里设置 3 秒钟抓取一次，效率未免太低。其实，还有一种更重要的解决方法（第二种方法），那就是从本质上解决问题。

不管如何访问，服务器的目的就是查出哪些为代码访问，然后封掉 IP。解决方法：为避免被封掉 IP，在数据采集时经常使用代理。当然，requests 也有相应的 proxies 属性。

首先构建自己的代理 IP 池，将其以字典的形式赋值给 proxies，然后传输给 requests，代码如下。

```
proxies = {
  "http": "http://10.10.1.10:3128",
  "https": "http://10.10.1.10:1080",
}
response = requests.get(url, proxies=proxies)
```

2.7　关于什么时候存储数据

许多人认为存储数据的环节是在清洗和组织数据之后，但实际上并不然。我们在工作中经常会遇到这样的场景，甲方或老板告诉你要采集某网站的文章标题，当你把标题采集下来后，对方说每个标题还需要对应上点赞数。此时如果有原始资料，则可以直接从原始资料中将"点赞数"字段清洗出来；如果没有原始资料，就需要重新采集，但如果重新采集时第一次采集的文章中有一部分被删除了，则会出现两次采集数据不相符的情况。在某些场景下，这种情况很尴尬，很难解释清楚，只能承认自己失误。

因此，数据存储一般发生在获取到网页的 HTML 或数据之后，未经过清洗和组织的数据是必须要保存的资料。保存好这些资料后，再写清洗和组织数据的脚本，将数据提取出来重新存入数据库或数据表中。

2.8　习题

一、选择题

1. 下列哪个快捷键可以打开网页源代码？（　　）

    A.【Shift+A】　　　　B.【Shift+U】　　　C.【Ctrl+A】　　　　D.【Ctrl+U】

2. 下列哪个不是文件的编码格式？（　　）

    A. UTF-8　　　　　B. ANSI　　　　　C. GBK　　　　　D. str

3. 下列哪种是 Unicode 编码的书写方式？（　　）

    A. a = '中文'　　　　　　　　　　B. a = r'中文'

    C. a = u'中文'　　　　　　　　　　D. a = b'中文'

4. 下列关于 Beautiful Soup 的表述有误的是（　　）。

    A. Beautiful Soup 不仅支持 Python 标准库中的 HTML 解析器，还支持一些第三方解析器

    B. Beautiful Soup 可将复杂的 HTML 文档转换成树形结构

    C．Beautiful Soup 唯一的搜索方法是 find_all()

    D．Beautiful Soup 3 当前已停止维护

5．Beautiful Soup 自动将输入文档转换为以下哪种编码？（   ）

    A．Unicode   B．UTF-8   C．GBK   D．ASCII 码

6．以下哪个选项不是 GET 方式和 POST 方式的区别？（   ）

    A．GET 从服务器上获取数据，POST 向服务器传送数据

    B．GET 安全性非常低，POST 安全性较高

    C．GET 执行效率比 POST 好

    D．POST 传送的数据量小于 GET

7．下列关于爬虫的说法有误的是（   ）。

    A．请求头是将自身伪装成浏览器的关键

    B．大型网站通常都会根据 Referer 参数判断请求的来源

    C．编码问题的存在会使爬虫程序报错

    D．请求携带的参数封装在一个字典中，当作参数传给 POST 或 GET

8．爬虫爬取数据的流程包括以下哪些选项？（   ）

    A．发送请求   B．获取响应内容

    C．解析内容   D．保存数据

9．关于网页结构的阐述，下列哪个选项是正确的？（   ）

    A．<body>表示用户可见内容   B．<div>表示框架

    C．<P>表示列表   D．<li>表示段落

10．以下哪些是 requests 库获取网页的方法？（   ）

    A．requests.request()   B．requests.get()

    C．requests.post()   D．requests.delete()

11．下列哪个选项可以复制路径？（   ）

    A．copy xpath   B．copy selector   C．copy outerHTML   D．copy element

二、判断题

1．网页一般由三部分组成，分别为 HTML（超文本标记语言）、CSS（层叠样式表）和 JScript（活动脚本语言）。（   ）

2．安装好 Python 之后，就已经安装了 requests 库。（   ）

3．GET 请求获取数据的方式不同于 POST，GET 请求数据必须构建请求头。（   ）

4. POST 方式需要权限验证和请求内容，服务器通过权限放行，该方式具有查询和修改数据的权限。（　　）

5. requests 库返回的数据可以是 JSON 格式的数据。（　　）

6. requests 是用 Python 语言编写的，基于 urllib，采用 Apache 2 Licensed 开源协议的 HTTP 库。（　　）

7. 爬虫程序尽可能模拟浏览器发送请求就一定能爬取到数据。（　　）

8. 导入 Beautiful Soup 时要先安装 bs4 库。（　　）

9. lxml 解析器将文档转换成树形结构。（　　）

10. 正则表达式\d 可以用来匹配数字。（　　）

11. 正则表达式由一些普通字符和一些元字符组成。（　　）

12. 在 Python 中\n 表示换行符。（　　）

13. 如果需要在单引号之前或字符串结尾出现一个反斜杠,则需要用两个反斜杠表示。（　　）

14. 通过 User-Agent 可以识别出是浏览器访问网页还是代码访问网页。（　　）

15. 当遇到反爬虫时，构建请求头的伪装效果优于构建 IP 池。（　　）

三、应用题

用 POST 方式对某网页标题进行爬取，爬取内容如下图所示。

第 **3** 章

用 API 爬取天气预报数据

3.1　注册免费 API 和阅读技术文档

本章示例接口为某天气预报网站，该网站为个人开发者提供免费的预报数据（有访问次数限制）。

读者可自行访问官网注册，注册后在控制台可以看到个人认证 key（密钥），其为访问 API 的钥匙，如图 3-1 所示。

图 3-1

获取个人认证 key 之后，下一步是阅读 API 说明（开发者）文档。

免费用户只能访问一个服务器节点，其对应的接口地址如图 3-2 所示。

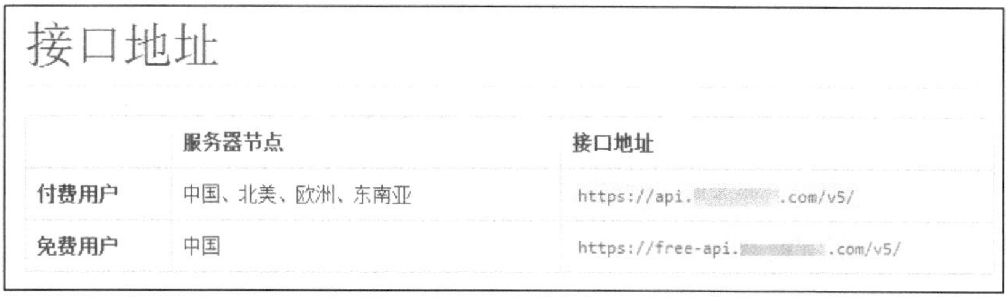

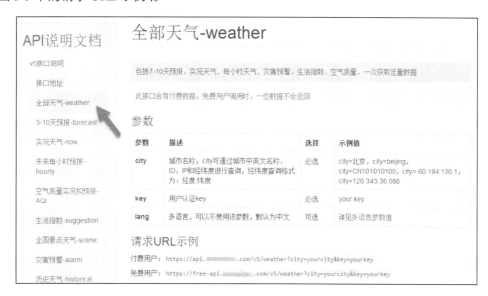

图 3-2

接下来了解调用接口的方法。一般首次阅读说明文档时最好按次序阅读，从图 3-3 中可以看出这里共有 3 个参数。

（1）city：代表城市，可以用汉字、拼音、城市代码、经纬度。

（2）key：代表用户的密钥。

（3）lang：代表语言，该参数默认为中文，而且是可选参数。

了解参数后，这里确定要使用的参数是 city 和 key。根据提示，组合接口地址（见图 3-3 中的请求 URL 示例）。

图 3-3

只要编写代码访问接口地址，就可以返回数据。服务器返回的数据是 JSON 格式的数据，也就是 Python 中的字典。

通过阅读城市代码内容可以知道，API 提供了 3181 个城市的天气预报，如图 3-4 所示。

49

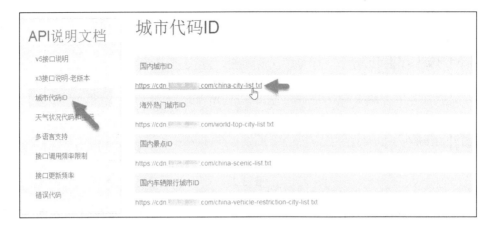

图 3-4

城市代码可以复制到本地文件，也可以通过 requests.get() 方法直接从网上获取，如图 3-5 所示。

图 3-5

3.2 获取 API 数据

通过 3.1 节可以知道，API 提供了全国 3181 个城市的天气预报，可以通过互联网在线爬取或读取城市列表，然后通过循环语句一次性获取 3181 个城市的天气预报。通过阅读文档读取 API 提供的城市，其城市数量是会变动的，因此最好的方式是直接从网上读取，这样就可以省去人工更新城市列表的工作了。

从网上读取数据的第一步是获取城市列表，然后根据城市列表循环，代码如下。

```
import requests
url = 'https://cdn.*********.com/china-city-list.txt'
strhtml = requests.get(url)
strhtml.encoding='utf8'
data = strhtml.text
data_list = data.split('\n')
print(data_list)
for i in range(6):
    data_list.remove(data_list[0])
for item in data_list:
    print(item[2:13])
```

运行上面这段代码可以提取所有的城市代码，如图 3-6 所示。

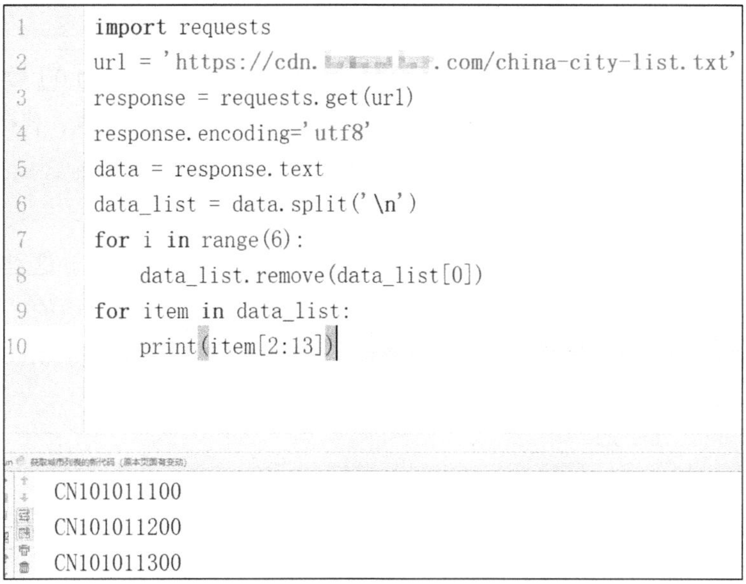

```
1    import requests
2    url = 'https://cdn.██████.com/china-city-list.txt'
3    response = requests.get(url)
4    response.encoding='utf8'
5    data = response.text
6    data_list = data.split('\n')
7    for i in range(6):
8        data_list.remove(data_list[0])
9    for item in data_list:
10       print(item[2:13])
```

```
un    获取城市列表的新代码（原本页面有变动）
      CN101011100
      CN101011200
      CN101011300
```

图 3-6

上例通过 requests.get()方法获取数据，代码如下。

```
strhtml=requests.get(url)
print(data)
```

观察打印出来的数据，可以发现并不需要前 6 行，如图 3-7 所示。

图 3-7

接下来用 split()方法将文本转换成列表，再通过一个循环将前 6 行内容删除。

然后将一大串文本分割出来，这里可以用换行符将每行文本分开。在 Python 中，\n 表示换行符。

```
data_list=data.split("\n")
```

删除数据使用的是 remove()方法，并且每次都删除第一行（序号为 0）数据。因为每次删除第一行数据，所以第二行数据都会变成下一次执行的第一行数据，代码如下。

```
for i in range(6):
    data_list.remove(data_list[0])
```

通过前面的接口信息可以知道，只要获取城市/地区编码就可以了。这里从便捷的角度出发，提取每行的第 3 ~ 14 个字符（由于 Python 数组是从 0 开始计数的，因此用 2:13 表示），共计 12 个字符，然后通过一个列表元素循环将城市/地区编码打印出来。

```
for item in data_list:
    print(item[2:13])
```

完成城市/地区编码的提取后，下一步就是调用接口获取数据，代码如下。

```
import requests
import time
url='https://cdn.*********.com/china-city-list.txt'
strhtml=requests.get(url)
data=strhtml.text
data_list=data.split("\n")
for i in range(6):
    data_list.remove(data_list[0])
for item in data_list:
    url = 'https://free-api.*********.com/v5/forecast?city=' +
item[2:13] + '&key=7d0daf2a85f64736a42261161cd3060b'
    strhtml = requests.get(url)
    strhtml.encoding='utf8'
    time.sleep(1)
    print(strhtml.text)
```

数据是以 JSON 的格式返回的，每个城市/地区都是一个 JSON，如图 3-8 所示。

这段代码调用了 time 库，这是为了使用 sleep()（睡眠）函数，也就是延时函数。因为 API 提供了 3181 个城市/地区的天气预报，这个循环就要执行 3181 次。为了避免访问服务器过于频繁，保证爬虫的稳定性，这里让程序每次访问后等待 1 秒钟。在写爬虫的时候不管需要访问的次数是多还是少，最好养成写延时的习惯，延时函数代码如下。

```
time.sleep(1)
```

图 3-8

如果要将返回的 JSON 数据解析出来，则可以使用 for 循环语句。

```
import requests
import time
url='https://cdn.*********.com/china-city-list.txt'
strhtml=requests.get(url)
data=strhtml.text
data_list=data.split("\n")
for i in range(6):
    datal_ist.remove(data_list[0])
for item in data_list:
    url    =    'https://free-api.*********.com/v5/forecast?city='    +
item[2:13] + '&key=7d0daf2a85f64736a42261161cd3060b'
    strhtml = requests.get(url)
    strhtml.encoding='utf8'
    time.sleep(1)
    dic =strhtml.json()
    for item in dic["*********"][0]["daily_forecast"]:
    print(item["tmp"]["max"])
```

代码执行结果如图 3-9 所示。

接下来使用 JSON 在线结构化的工具观察数据结构。

将其中一个城市的返回数据复制并粘贴到左侧的文本框中，然后单击中间的右三角按钮，就会得到如图 3-10 所示的结果。通过观察路径可知，3 天的天气预报数据在 [daily_forecast]路径下，由[0]、[1]和[2]这 3 个数据节点分别存放 3 天的天气预报数据，而每天的最高温度在[daily_forecast][n][tmp][max]路径下，其中[n]表示分节点[0]、[1]、[2]。

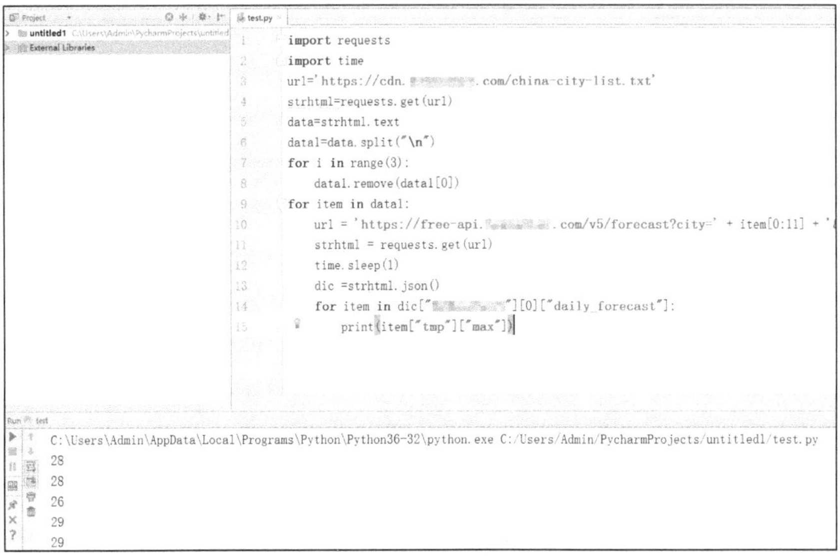

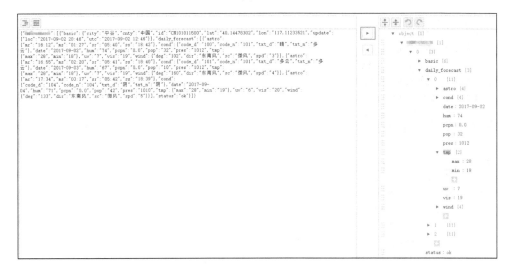

图 3-9

图 3-10

如果 JSON 工具报错，则需要检查复制的内容是否存在多了空格或者少了符号之类的问题，这些都是新手常犯的错误。

requests 库返回的数据可以编码成 JSON 格式的数据，只有 JSON 对象才适用上面分析的路径，表现方式如下。

```
strhtml.json()
```

3.3　存储数据到 MongoDB

MongoDB 是一个基于分布式文件存储的数据库，由 C++语言编写，旨在为 Web 应用提供可扩展的高性能数据存储解决方案。

MongoDB 是一款介于关系数据库和非关系数据库之间的产品，它在非关系数据库中功能最丰富，最像关系数据库。

3.3.1　下载并安装 MongoDB

1．下载 MongoDB

到 MongoDB 的官网下载 MongoDB 即可。

2．配置本地 MongoDB

MongoDB 每次启动时都需要在 CMD 中进行配置，找到安装目录下的 bin 文件夹路径，如图 3-11 所示。

```
C:\Program Files\MongoDB\Server\3.2\bin
```

图 3-11

由 CMD 进入以下路径：

```
>cd C:\Program Files\MongoDB\Server\3.2\bin
```

配置数据库路径，配置前要先在 C 盘中新建文件夹，代码如下。

```
mongod --dbpath C:\data\db
```

代码运行结果如下所示。

```
2017-12-21T16:04:34.478+0800  I  CONTROL   [initandlisten] MongoDB
starting : pid=4156 port=27017 dbpath=c:\data\db 64-bit host=DESKTOP-
F5UIIPN
2017-12-21T16:04:34.479+0800 I CONTROL  [initandlisten] targetMinOS:
```

```
Windows 7/Windows Server 2008 R2
    ……………（省略中间内容）
    2017-12-21T16:04:35.175+0800 I FTDC      [initandlisten] Initializing
full-time  diagnostic  data  capture  with  directory  'c:/data/db/
diagnostic.data'
    2017-12-21T16:04:35.179+0800 I  NETWORK      [thread1]  waiting  for
connections on port 27017
```

再打开一个 CMD，进入 MongoDB 确认数据库已经启动，进入 bin 路径，如下所示。

```
>cd C:\Program Files\MongoDB\Server\3.2\bin
```

输入"mongo"连接数据库，显示">"就代表 MongoDB 已经正常启动，如下所示。

```
C:\Program Files\MongoDB\Server\3.4\bin>mongo
MongoDB shell version v3.2.1
connecting to: mongodb://127.0.0.1:27017
>
```

3.3.2 在 PyCharm 中安装 Mongo Plugin

在 PyCharm 中，依次执行"File"→"Settings"→"Plugins"→"Browse Repositories"
命令，输入"mongo"，然后选择"Mongo Plugin"，如图 3-12 和图 3-13 所示。

安装好后重新启动 PyCharm，就可以在右侧看到 Mongo Explorer。

如果没有这个窗口，则可以将鼠标光标停留在左下角的图标上，然后在自动弹出的菜
单中选择"Mongo Explorer"命令，如图 3-14 所示。

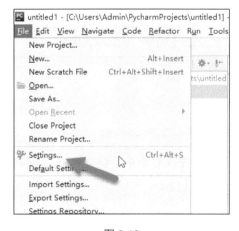

图 3-12

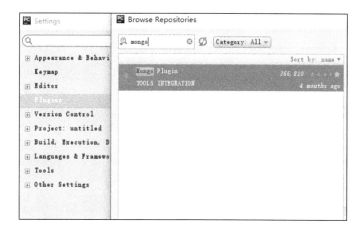

图 3-13

图 3-14

接下来在 Mongo Explorer 窗口中单击设置按钮，创建连接（通过 PyCharm File 菜单中的 Settings 也可以设置），如图 3-15 所示。

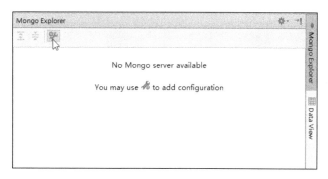

图 3-15

在 Mongo Servers 设置窗口中单击左侧的加号按钮（addServer），如图 3-16 所示。

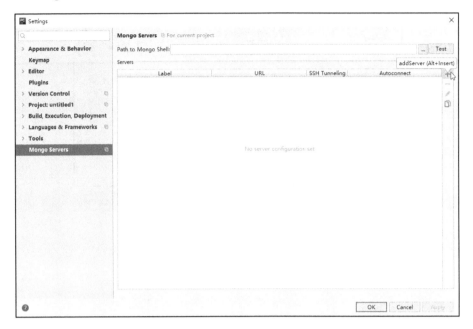

图 3-16

输入连接名，单击"Test Connection"（测试连接）按钮，当提示信息为"Connection test successful"时表示连接正常，然后单击"OK"按钮保存设置即可，如图 3-17 所示。

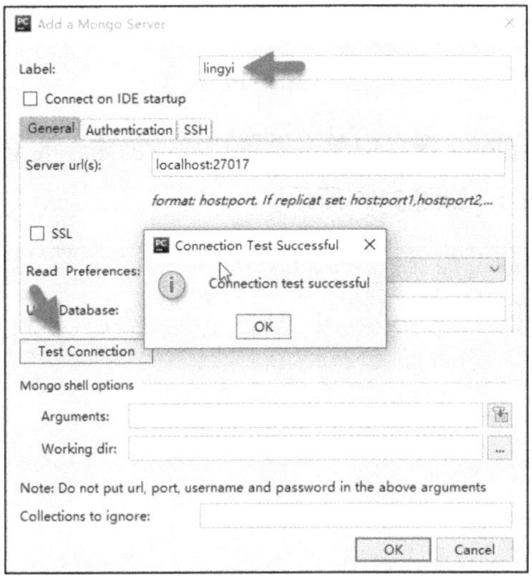

图 3-17

3.3.3　将数据存入 MongoDB 中

下面尝试将获取的数据存入 MongoDB 中，首先输入以下代码。

```
import requests
import time
#加载 pymongo 库
import pymongo
#建立连接
client=pymongo.MongoClient('localhost',27017)
#在 MongoDB 中新建名为 weather 的数据库
book_weather=client['weather']
#在 weather 数据库中新建名为 sheet_weather_3 的表
sheet_weather=book_weather['sheet_weather_3']
url='https://cdn.*********.com/china-city-list.txt'
strhtml=requests.get(url)
data=strhtml.text
data1=data.split("\r")
for i in range(3):
    data1.remove(data1[0])
for item in data1:
    url = 'https://free-api.*********.com/v5/forecast?city=' + item
[0:11] + '&key=7d0daf2a85f64736a42261161cd3060b'
    strhtml = requests.get(url)
    strhtml.encoding='utf8'
    time.sleep(1)
    dic =strhtml.json()
    #向表中写入一条数据
    sheet_weather.insert_one(dic)
```

运行后双击连接，可以看到名为 weather 的数据库，如图 3-18 所示。

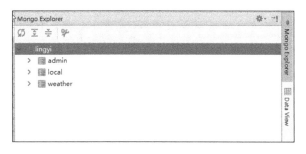

图 3-18

展开 weather 数据库，双击 sheet_weather_3 这张表（见图 3-19（b）），会弹出预览窗口（见图 3-19（a）），可以从该窗口中观察获取到的天气预报数据，数据以 JSON 格式存储在数据库中。

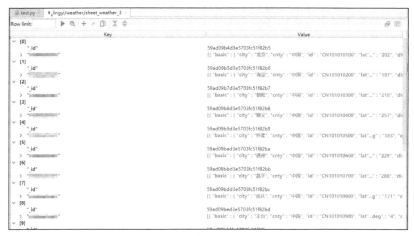

（a）

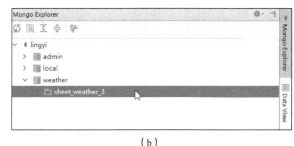

（b）

图 3-19

可以直接在预览窗口中展开 JSON 的树形结构，如图 3-20 所示。

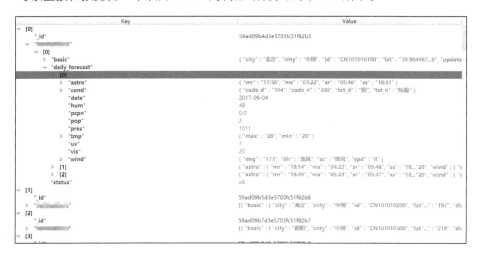

图 3-20

需要提前安装 PyMongo 库，这是一个提供 Python 和 MongoDB 连接的库，使用方法如下。

1．建立连接

输入以下代码，其中 localhost 是主机名，27017 是端口号（在默认情况下是这个参数）。

```
client=pymongo.MongoClient('localhost',27017)
```

2．新建名为 weather 的数据库

输入以下代码：

```
book_weather=client['weather']
```

3．新建名为 sheet_weather_3 的表

输入以下代码：

```
sheet_weather=book_weather['sheet_weather_3']
```

4．写入数据

输入以下代码：

```
sheet_weather.insert_one(dic)
```

3.4　MongoDB 数据库查询

基于 3.3 节的结果，查询北京的天气预报数据，代码如下。

```
import pymongo
client=pymongo.MongoClient('localhost',27017)
book_weather=client['weather']
sheet_weather=book_weather['sheet_weather_3']
#查找键**********.basic.city 值为北京的数据
for item in sheet_weather.find({'**********.basic.city':'北京'}):
    print(item)
```

代码运行结果如图 3-21 所示。

查询的语法是 sheet_weather.find()，其中 sheet_weather 代表 weather 数据库中的表格 sheet_weather_3。

接下来查询最低气温大于 5 摄氏度的城市名称，代码如下。

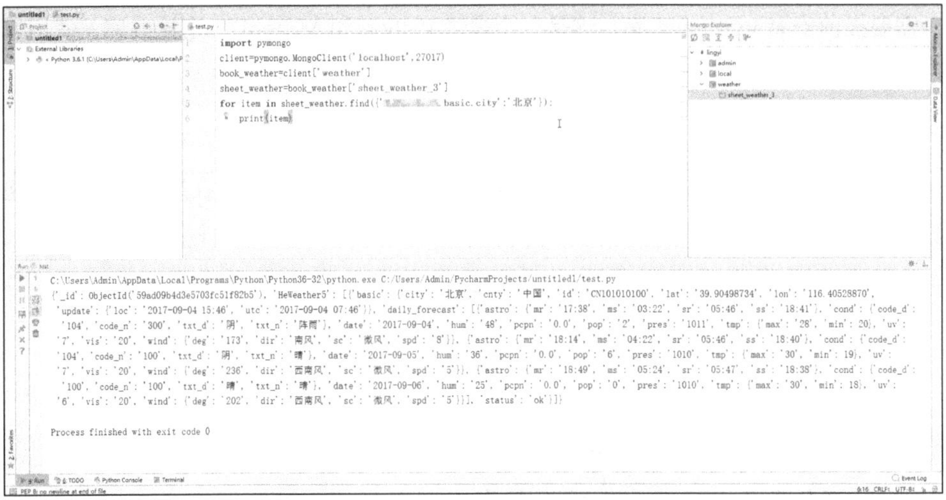

图 3-21

```
import pymongo
client=pymongo.MongoClient('localhost',27017)
book_weather=client['weather']
sheet_weather=book_weather['sheet_weather_3']
for item in sheet_weather.find():
    #因为需要 3 天的天气预报数据，因此循环 3 次
    for i in range(3):
        tmp=item['**********'][0]['daily_forecast'][i]['tmp']['min']
        #使用 update_one()方法，将表中最低气温数据修改为数值型数据
        sheet_weather.update_one({'_id':item['_id']},{'$set':
{'**********. 0.daily_forecast.{}.tmp.min'.format(i):int(tmp)}})
    #提取出最低气温大于 5 摄氏度的城市名称
    for item in sheet_weather.find({'**********.daily_forecast.tmp.min':
{'$gt':5}}):
        print(item['**********'][0]['basic']['city'])
```

代码运行结果如图 3-22 所示。

由于这里目标是提取最低气温大于 5 摄氏度的城市名称，因此先将最低气温设置成整型数据。更新数据用 sheet_weather.update_one()，其中 update_one()方法用于指定更新一条数据，代码如下。

```
sheet_weather.update_one({'_id':item['_id']},{'$set':{'**********.0
.daily_forecast.{}.tmp.min'.format(i):int(tmp)}})
```

这里第一个参数是{'_id':item['_id']}，表示要更新的查询条件，对应_id 字段。第二个参数表示要更新的信息，$set 是 MongoDB 中的一个修改器，用于指定一个键并更新键值，若键不存在，则创建一个键。

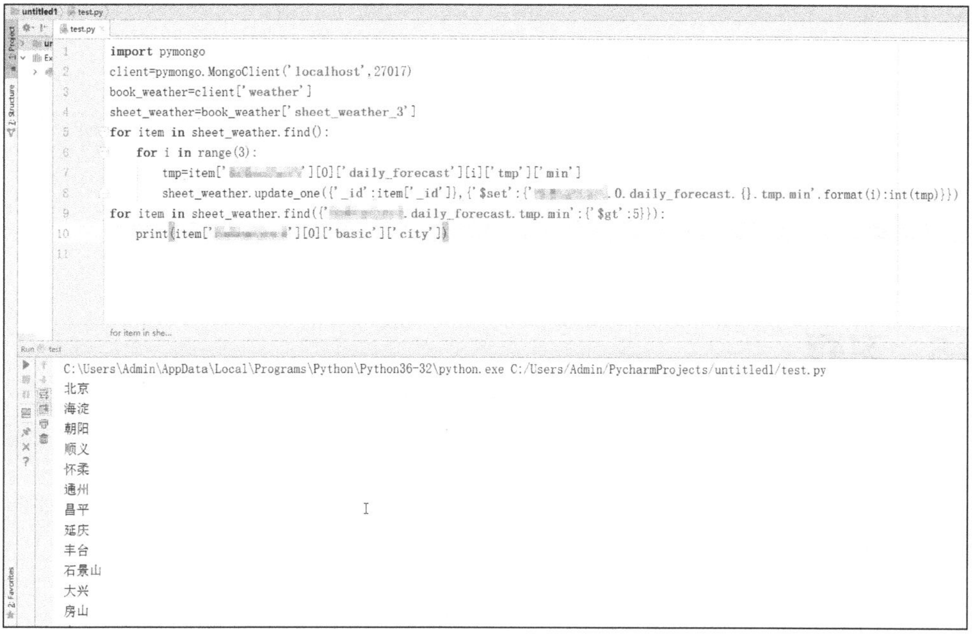

图 3-22

除此之外，常用的修改器还有$inc、$unset、$push 等。

- $inc 修改器：可以对文档的某个值为数字型（只能为满足要求的数字）的键进行增减操作。

- $unset 修改器：用于删除键。

- $push 修改器：向文档的某个数组类型的键添加一个数组元素，不过滤重复的数据。在添加时，若键存在，则要求键值类型必须是数组；若键不存在，则创建数组类型的键。

{'$set':{'**********.0.daily_forecast.{}.tmp.min'.format(i):int(tmp)}}是将**********.0.daily_forecast.{}.tmp.min 路径下的数据设置为 int（整型），路径中间的{}中的数据由路径后的.format(i)指定，其内容就是 format 中的 i 变量。

下面是一些延伸内容。

可以将 3.2 节中的 URL 部分：

```
url    = 'https://free-api.**********.com/v5/forecast?city='    +
item[0:11] + '&key=7d0daf2a85f64736a42261161cd3060b'
```

写成：

```
url    =    'https://free-api.**********.com/v5/forecast?city={}&key=
```

```
7d0daf2a85f64736a42261161cd3060b'.format(item[0:11])
```

数据更新完毕后，再用 find() 方法查找数据，其中 $gt 表示符号>。

```
for item in sheet_weather.find({'**********.daily_forecast.tmp.min':
{'$gt':5}}):
        print(item['**********'][0]['basic']['city'])
```

$lt、$lte、$gt 和 $gte 分别表示符号<、≤、>和≥。

3.5 习题

一、选择题

1. 如果想获取 MongoDB "col" 集合中 "likes" 大于 100、小于 200 的数据，则可以使用以下哪个命令？（　　）

    A. db.col.find({likes : {$lt :200, $gt : 100}})

    B. db.col.find({likes : {$gte :200, $gt : 100}})

    C. db.col.find({likes : {$gt :200, $lte : 100}})

    D. db.col.find({likes : {$gte :200, $lte : 100}})

2. 以下对 MongoDB 的修改器功能描述错误的是（　　）。

    A. $set 用于指定一个键并更新键值，若键不存在则创建一个键

    B. $inc 用于删除键

    C. $unset 可以对文档某个值为数字型的键进行增减操作

    D. $push 向某个数组类型的键添加一个数组元素，不过滤重复的数据

3. 关于 MongoDB 的查询代码以下哪些选项是错误的？（　　）

    A. find_one()　　　　B. find()　　　　C. find_many()　　　D. find_more()

二、判断题

MongoDB 是一个基于分布式文件存储的数据库，由 Python 语言编写。（　　）

第 4 章

大型爬虫案例：抓取某电商网站的商品数据

4.1 观察页面特征和解析数据

本章实例是实现一个大型爬虫，抓取某旅游电商网站中某个频道的所有商品数据。实现爬虫的第一步是观察页面特征和解析数据。

在第 3 章中我们接触了 JSON 格式的数据，JSON 格式的数据比较容易处理，所以在获取数据的时候最好选择 JSON 格式的数据。

通过对比 PC 端和无线端，这里决定数据采集自无线端，原因是无线端返回的数据是 JSON 格式的。这里以某旅游电商网站中的自由行频道为例，如图 4-1 所示。

图 4-1

通过浏览器访问某旅游电商官网，如图 4-2 所示。

图 4-2

接下来按【F12】键进入开发者模式，单击"自由行"选项进入自由行频道，如图 4-3 所示。

图 4-3

在自由行频道中单击搜索框，如图 4-4 所示。

图 4-4

随后进入搜索页面，该页面有各个地区的热门旅游城市列表（见图 4-5（a）），以 JS（JScrip）格式读取右侧的数据，在文件的 Preview（预览）页面可以观察到树形结构（见图 4-5（b））。

图 4-5

切换到 Headers（请求头）页面，在 General（总体）信息中有以下两条重要信息。

（1）Request URL（请求链接）：将通过这个链接访问服务器获取数据。

（2）Request Method（请求方式）：决定使用的函数方法和上传参数。常见的请求方式有 GET 方式和 POST 方式，其中 GET 方式权限单一，只有查询数据的权限，只要访问 URL 就可以返回数据；POST 方式需要权限验证和请求内容，服务器通过权限放行，通过请求内容返回客户端请求的数据，POST 方式具有查询和修改数据的权限。

图 4-6 所示的请求方式即 GET 方式。

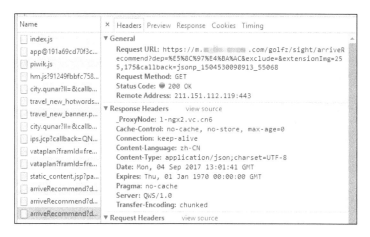

图 4-6

在获取数据的时候，需要将最后一个 callback 参数删掉。

因此，目标 URL 如下：

https://m.*****.*****.com/golfz/sight/arriveRecommend?dep=%E5%8C%97%E4%BA%
AC&exclude=&extensionImg=255,175

单击推荐列表中的任意一个城市（见图 4-7（a）），通过观察可以发现数据在 XHR（用 XMLHttpRequest 方法来获取 JavaScript）中（见图 4-7（b））。

（a）

图 4-7

（b）

图 4-7（续）

切换到 Headers 页面，观察 Request URL 和 Request Method，如图 4-8 所示。

图 4-8

其中 Request URL 如下：

https://*****.*****.*****.com/list?modules=list,bookingInfo,activityDetail&dep=%E6%
9D%AD%E5%B7%9E&query=%E5%8E%A6%E9%97%A8%E8%87%AA%E7%94%B1%E8
%A1%8C&dappDealTrace=false&mobFunction=%E6%89%A9%E5%B1%95%E8%87%AA%
E7%94%B1%E8%A1%8C&cfrom=zyx&it=FreetripTouchin&date=&configDepNew=&needN
oResult=true&originalquery=%E5%8E%A6%E9%97%A8%E8%87%AA%E7%94%B1%E8%
A1%8C&limit=0,32&includeAD=true&qsact=search

这个地址中以%开头的字符串是中文编译成的字符串，由于服务器不能识别中文字符，所以必须将中文以某种编码方式进行编译后才能提交到服务器。另外，也可以通过工具还原编码，笔者自己写的客户端解码工具如图 4-9 所示。

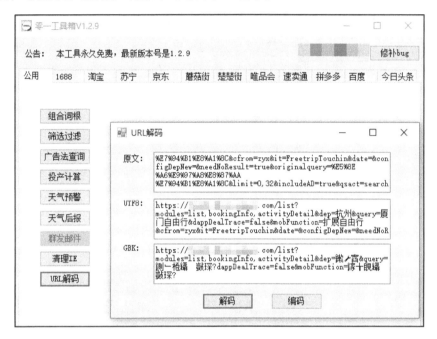

图 4-9

通过该工具还原后的 URL 如下：

https://*****.*****.******.com/list?modules=list,bookingInfo,activityDetail&dep= 杭 州 &query= 厦 门 自 由 行 &dappDealTrace=false&mobFunction= 扩 展 自 由 行 &cfrom= zyx&it=FreetripTouchin&date=&configDepNew=&needNoResult=true&originalquery=厦门自由行&limit=0,32&includeAD= true&qsact=search

经过解码还原后，可以观察到这里使用的是 UTF-8 编码，其中 dep 参数表示出发地（当时笔者在杭州），query 和 originalquery 表示目的地，通过修改这两个参数就可以控制遍历整个平台的自由行产品。

由于这里的目标是获取整个自由行的产品列表，因此还需要获取出发地站点的列表，从不同的城市出发，会有不同的产品。

返回自由行频道的首页，单击搜索框左侧的出发地站点，如图 4-10 所示。

图 4-10

可以看到，全国各个出发地站点按字母排序，在右侧的开发者页面中可以找到对应的
数据包，如图 4-11 所示。

图 4-11

然后切换到 Headers 页面，观察 Request URL 和 Request Method，如图 4-12 所示。

图 4-12

此时的目标 URL 如下：

https://*****.*****.*****.com/depCities.******

4.2 工作流程分析

完成 4.1 节的解析后，接下来实施这个爬虫，步骤如下（见图 4-13）。

（1）获取出发地站点列表。

（2）获取旅游景点列表。

（3）获取景点产品列表。

（4）存储数据。

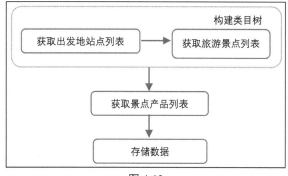

图 4-13

4.3　构建类目树

首先获取出发地站点列表，输入以下代码。

```
import requests
url='https://*****.*****.*****.com/depCities.******'
strhtml=requests.get(url)
dep_dict=strhtml.json()
for dep_item in dep_dict['data']:
    for dep in dep_dict['data'][dep_item]:
        print(dep)
```

代码运行结果如图 4-14 所示。

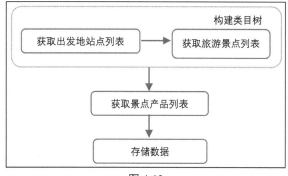

图 4-14

然后根据出发地站点列表获取旅游景点列表（目的地列表），继续输入以下代码。

```python
import requests
import urllib
import time
url='https://*****.*****.*****.com/depCities.******'
strhtml=requests.get(url)
dep_dict=strhtml.json()
for dep_item in dep_dict['data']:
    for dep in dep_dict['data'][dep_item]:
        print(dep)
        url = 'https://m.*****.*****.com/golfz/sight/arriveRecommend?dep={}&exclude=&extensionImg=255,175'.format(urllib.request.quote(dep))
        time.sleep(1)
        strhtml = requests.get(url)
        arrive_dict = strhtml.json()
        for arr_item in arrive_dict['data']:
            for arr_item_1 in arr_item['subModules']:
                for query in arr_item_1['items']:
                    print(query['query'])
```

代码运行结果如图 4-15 所示。

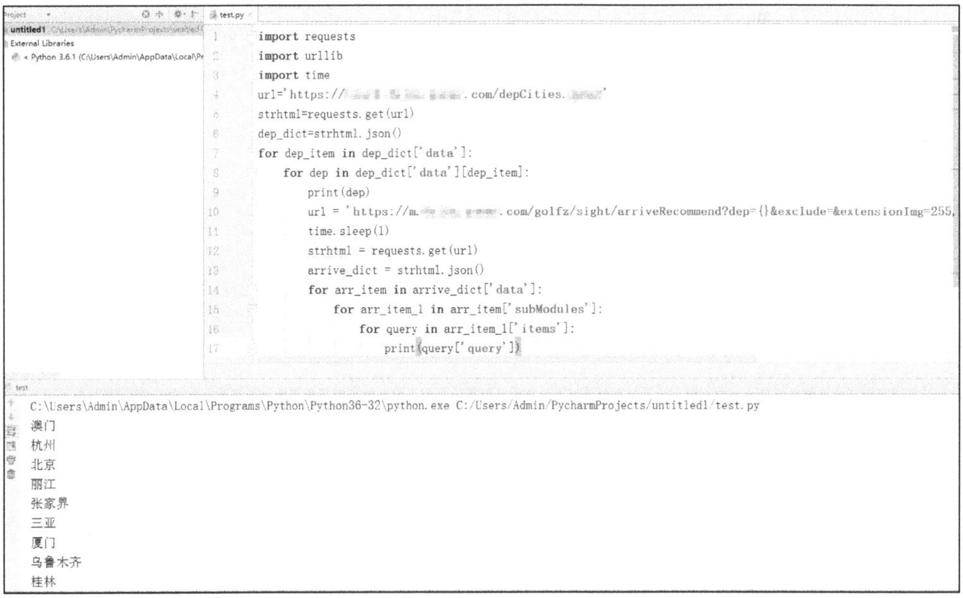

图 4-15

通过观察打印结果发现，目的地列表有多个重复项（在网页上也可以发现），如果基于这个有重复项的类目树获取数据，就会造成资源浪费，因此要先对目的地列表进行去重。接下来，在上一段代码中补充去重的代码（黑体部分为新增代码）。

```python
import requests
import urllib
import time
url='https://*****.*****.*****.com/depCities.******'
strhtml=requests.get(url)
dep_dict=strhtml.json()
for dep_item in dep_dict['data']:
    for dep in dep_dict['data'][dep_item]:
        a = []
        print(dep)
        url = 'https://m.*****.*****.com/golfz/sight/arriveRecommend?dep={}&exclude=&extensionImg=255,175'.format(urllib.request.quote(dep))
        time.sleep(1)
        strhtml = requests.get(url)
        arrive_dict = strhtml.json()
        for arr_item in arrive_dict['data']:
            for arr_item_1 in arr_item['subModules']:
                for query in arr_item_1['items']:
                    if query['query'] not in a:
                        a.append(query['query'])
        print(a)
```

代码运行结果如图 4-16 所示。

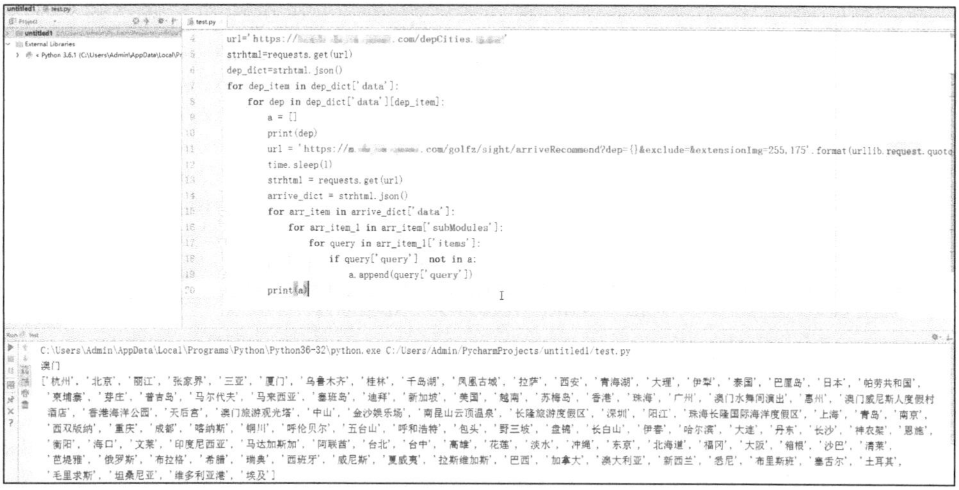

图 4-16

由于去重针对的是每个出发地站点下的目的地，因此需要在获取出发地站点的位置定义一个空的列表 a，每次循环都会重置 a。

最后判断目的地是否在列表 a 中，如果没有，就用 appand()（合并）方法将目的地加入列表 a 中，代码如下。

```
if query['query'] not in a:
    a.append(query['query'])
```

4.4　获取景点产品列表

完成出发地站点列表和目的地列表的构建后，输入以下代码以便获取景点产品列表。

```
import requests
import urllib
import time
import pymongo

client=pymongo.MongoClient('localhost',27017)
book_*****=client['*****']
sheet_*****_zyx=book_*****['*****_zyx']
url='https://*****.*****.*****.com/depCities.******'
strhtml=requests.get(url)
dep_dict=strhtml.json()
for dep_item in dep_dict['data']:
    for dep in dep_dict['data'][dep_item]:
        a = []
        url = 'https://m.*****.*****.com/golfz/sight/arriveRecommend?
dep={}&exclude=&extensionImg=255,175'.format(urllib.request.quote(dep))
        time.sleep(1)
        strhtml = requests.get(url)
        arrive_dict = strhtml.json()
        for arr_item in arrive_dict['data']:
            for arr_item_1 in arr_item['subModules']:
                for query in arr_item_1['items']:
                    if query['query'] not in a:
                        a.append(query['query'])
        for item in a:
            url = 'https://*****.*****.*****.com/list?modules=list,
bookingInfo&dep={}&query={}&mtype=all&ddt=false&mobFunction=%E6%89%A9%E
5%B1%95%E8%87%AA%E7%94%B1%E8%A1%8C&cfrom=zyx&it=FreetripTouchin&et=Free
tripTouch&date=&configDepNew=&needNoResult=true&originalquery={}&limit=
0,20&includeAD=true&qsact=search'.format(urllib.request.quote(dep),urll
ib.request.quote(item),urllib.request.quote(item))
```

```
        time.sleep(1)
        strhtml = requests.get(url)
        routeCount=int(strhtml.json()['data']['limit']['routeCount'])
        for limit in range(0, routeCount, 20):
            url = 'https://*****.*****.*****.com/list?modules=list,
bookingInfo&dep={}&query={}&mtype=all&ddt=false&mobFunction=%E6%89%A9%E
5%B1%95%E8%87%AA%E7%94%B1%E8%A1%8C&cfrom=zyx&it=FreetripTouchin&et=Free
tripTouch&date=&configDepNew=&needNoResult=true&originalquery={}&limit=
{},20&includeAD=true&qsact=search'.format(
                urllib.request.quote(dep), urllib.request.quote(item),
                urllib.request.quote(item),limit)
            time.sleep(1)
            strhtml = requests.get(url)
            result = {
                'date': time.strftime('%Y-%m-%d', time.localtime(time.
time())),

                'dep': dep,
                'arrive': item,
                'limit': limit,
                'result': strhtml.json()
            }
            sheet_*****_zyx.insert_one(result)
```

代码运行结果如图 4-17 所示。

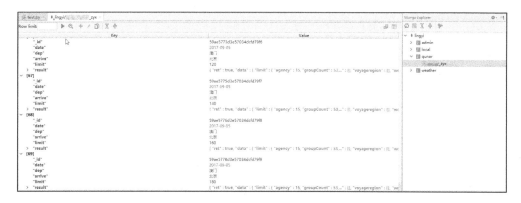

图 4-17

通过观察发现，每个出发地对应的目的地都会有多个产品，而产品数就在 data.limit.routeCount 键中，如图 4-18 所示。

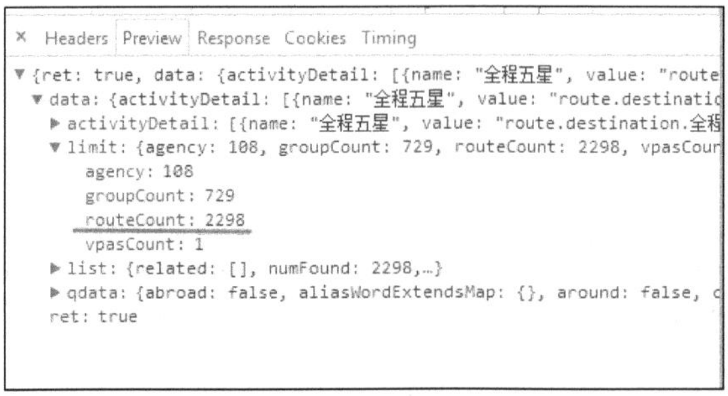

图 4-18

接下来取出产品数，代码如下。

```
            url = 'https://*****.*****.*****.com/list?modules=list,
bookingInfo&dep={}&query={}&mtype=all&ddt=false&mobFunction=%E6%89%A9%E
5%B1%95%E8%87%AA%E7%94%B1%E8%A1%8C&cfrom=zyx&it=FreetripTouchin&et=Free
tripTouch&date=&configDepNew=&needNoResult=true&originalquery={}&limit=
0,20&includeAD=true&qsact=search'.format(urllib.request.quote(dep),urll
ib.request.quote(query['query']),urllib.request.quote(query['query']))
            time.sleep(1)
            strhtml = requests.get(url)
            routeCount=int(strhtml.json()['data']['limit']['routeCount'])
```

然后，以 routeCount 作为迭代次数的终点，代码如下。

```
for limit in range(0, routeCount, 20):
```

4.5　代码优化

对代码进行优化可以提高代码的可读性，这里使用 def 自定义函数对 4.4 节的代码进行优化。

```
import requests
import json
import urllib.request
import pymongo
import time

client=pymongo.MongoClient('localhost',27017)
book_*****=client['*****']
sheet_*****_zyx=book_*****['*****_zyx']

def get_list(dep,item):
    url = 'https://*****.*****.*****.com/list?modules=list, bookingInfo&
```

```
dep={}&query={}&mtype=all&ddt=false&mobFunction= %E6%89%A9%E5%B1%95%E8%
87%AA%E7%94%B1%E8%A1%8C&cfrom=zyx&it=FreetripTouchin&et=FreetripTouch&d
ate=&configDepNew=&needNoResult=true&originalquery={}&limit=0,20&includ
eAD=true&qsact=search'.format(
        urllib.request.quote(dep),
        urllib.request.quote(item), urllib.request.quote(item))
    strhtml = get_json(url)
    routeCount = int(strhtml['data']['limit']['routeCount'])
    for limit in range(0, routeCount, 20):
        url = 'https://*****.*****.*****.com/list?modules=list,bookingInfo&
dep={}&query={}&mtype=all&ddt=false&mobFunction=%E6%89%A9%E5%B1%95%E8%8
7%AA%E7%94%B1%E8%A1%8C&cfrom=zyx&it=FreetripTouchin&et=FreetripTouch&da
te=&configDepNew=&needNoResult=true&originalquery={}&limit={},20&includ
eAD=true&qsact=search'.format(
            urllib.request.quote(dep),
            urllib.request.quote(item),
            urllib.request.quote(item), limit)
        strhtml = get_json(url)
        result = {
            'date': time.strftime('%Y-%m-%d', time.localtime(time. time())),
            'dep': dep,
            'arrive': item,
            'limit': limit,
            'result': strhtml
        }
        sheet_*****_zyx.insert_one(result)


def get_json(url):
    strhtml=requests.get(url)
    time.sleep(1)
    return strhtml.json()


if __name__ == "__main__":

    url='https://*****.*****.*****.com/depCities.******'
    dep_dict=get_json(url)
    for dep_item in dep_dict['data']:
        for dep in dep_dict['data'][dep_item]:
            a = []
            url = 'https://m.*****.*****.com/golfz/sight/arriveRecommend?
dep={}&exclude=&extensionImg=255,175'.format(urllib.request.quote(dep))
            arrive_dict = get_json(url)
            for arr_item in arrive_dict['data']:
                for arr_item_1 in arr_item['subModules']:
                    for query in arr_item_1['items']:
```

```
                            if query['query'] not in a:
                                a.append(query['query'])
                    for item in a:
                        get_list(dep,item)
```

下面将获取网页结果的 JSON 文件作为一个自定义函数，传入参数为 url（要访问的地址），代码如下。

```
def get_json(url):
    strhtml=requests.get(url)
    time.sleep(1)
    return strhtml.json()
```

下面将获取景点产品列表信息作为一个自定义函数，传入参数为 dep(出发地)和 item(目的地)，代码如下。

```
def get_list(dep,item):
    url = 'https://*****.*****.*****.com/list?modules=list,bookingInfo&
dep={}&query={}&mtype=all&ddt=false&mobFunction=%E6%89%A9%E5%B1%95%E8%8
7%AA%E7%94%B1%E8%A1%8C&cfrom=zyx&it=FreetripTouchin&et=FreetripTouch&da
te=&configDepNew=&needNoResult=true&originalquery={}&limit=0,20&include
AD=true&qsact=search'.format(
        urllib.request.quote(dep),
        urllib.request.quote(item), urllib.request.quote(item))
    strhtml = get_json(url)
    routeCount = int(strhtml['data']['limit']['routeCount'])
    for limit in range(0, routeCount, 20):
        url='https://*****.*****.*****.com/list?modules=list,bookingInfo&
dep={}&query={}&mtype=all&ddt=false&mobFunction=%E6%89%A9%E5%B1%95%E8%8
7%AA%E7%94%B1%E8%A1%8C&cfrom=zyx&it=FreetripTouchin&et=FreetripTouch&da
te=&configDepNew=&needNoResult=true&originalquery={}&limit={},20&includ
eAD=true&qsact=search'.format(
            urllib.request.quote(dep), urllib.request.quote(item),
            urllib.request.quote(item), limit)
        strhtml = get_json(url)
        result = {
            'date': time.strftime('%Y-%m-%d', time.localtime(time. time())),
            'dep': dep,
            'arrive': item,
            'limit': limit,
            'result': strhtml
        }
        sheet_*****_zyx.insert_one(result)

if __name__ == "__main__":
```

```
    url='https://*****.*****.*****.com/depCities.******'
    dep_dict=get_json(url)
    for dep_item in dep_dict['data']:
        for dep in dep_dict['data'][dep_item]:
            a = []
            url = 'https://m.*****.*****.com/golfz/sight/arriveRecommend?
dep={}&exclude=&extensionImg=255,175'.format(urllib.request.quote(dep))
            arrive_dict = get_json(url)
            for arr_item in arrive_dict['data']:
                for arr_item_1 in arr_item['subModules']:
                    for query in arr_item_1['items']:
                        if query['query'] not in a:
                            a.append(query['query'])
            for item in a:
                get_list(dep,item)
```

if __name__ == "__main__" 表示如果直接执行某个.py 文件，那么该文件中"__name__ == "__main__""的结果是 True，将执行 if __name__ == "__main__"下面定义的代码块；如果从另一个.py 文件通过 import 导入该文件，那么__name__的值就是这个.py 文件的名称，而不是__main__，将不会执行 if __name__ == "__main__"下面定义的代码块。也就是用户写的脚本模块既可以导入别的模块使用，也可以直接执行该模块。

写好爬虫后，需要一个程序定时监控运行结果，具体步骤如下。

（1）新建一个 Python File，命名为 test2.py，如图 4-19 所示。

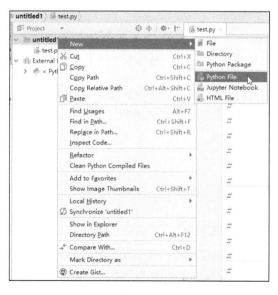

图 4-19

（2）设置为每 10 秒监控一次数据库的记录数，在 test2.py 中输入以下代码。

```
from test import sheet_*****_zyx
import time

while True:
    print(sheet_*****_zyx.find().count())
    time.sleep(10)
```

代码运行结果如图 4-20 所示。

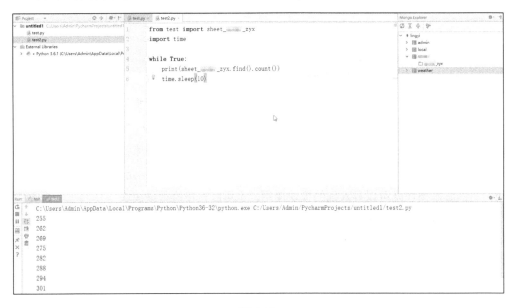

图 4-20

from test import sheet_*****_zyx 表示从 test.py 文件中调用名为 sheet_*****_zyx 的对象。需要注意的是，Python 不能读取自定义函数里面的对象，因此在定义 MongoDB 的时候，不能在函数或子过程中定义。

4.6　爬虫效率优化

本节在 4.5 节的基础上，将爬虫优化成多进程爬虫，以提高爬虫效率。我们通过之前的爬虫了解到，该网站中的出发地站点共有 700 多个，可以根据出发地站点同时调用多个 CPU，每个 CPU 运行一个出发地站点的脚本。笔者的电脑逻辑 CPU 个数是 8，因此每次可以同时获取 8 个出发地站点的数据。

.py 文件内容、自定义函数，以及将文件命名为*****的相关代码如下。

```python
import requests
import urllib.request
import pymongo
import time

client = pymongo.MongoClient('localhost', 27017)
book_***** = client['*****']
sheet_*****_zyx = book_*****['*****_zyx']

def get_list(dep,item):
    url = 'https://*****.*****.*****.com/list?modules=list,bookingInfo&
dep={}&query={}&mtype=all&ddt=false&mobFunction=%E6%89%A9%E5%B1%95%E8%8
7%AA%E7%94%B1%E8%A1%8C&cfrom=zyx&it=FreetripTouchin&et=FreetripTouch&da
te=&configDepNew=&needNoResult=true&originalquery={}&limit=0,20&include
AD=true&qsact=search'.format(
        urllib.request.quote(dep),
        urllib.request.quote(item), urllib.request.quote(item))
    strhtml = get_json(url)
    routeCount = int(strhtml['data']['limit']['routeCount'])
    for limit in range(0, routeCount, 20):
        url= 'https://*****.*****.*****.com/list?modules=list,bookingInfo&
dep={}&query={}&mtype=all&ddt=false&mobFunction=%E6%89%A9%E5%B1%95%E8%8
7%AA%E7%94%B1%E8%A1%8C&cfrom=zyx&it=FreetripTouchin&et=FreetripTouch&da
te=&configDepNew=&needNoResult=true&originalquery={}&limit={},20&includ
eAD=true&qsact=search'.format(
            urllib.request.quote(dep), urllib.request.quote(item),
            urllib.request.quote(item), limit)
        strhtml = get_json(url)
        result = {
            'date': time.strftime('%Y-%m-%d', time.localtime(time.time())),
            'dep': dep,
            'arrive': item,
            'limit': limit,
            'result': strhtml
        }
        sheet_*****_zyx.insert_one(result)

def connect_mongo():
    client=pymongo.MongoClient('localhost',27017)
    book_*****=client['*****']
    return book_*****['*****_zyx']


def get_json(url):
```

```python
        strhtml=requests.get(url)
        time.sleep(1)
        return strhtml.json()

    def get_all_data(dep):
        a = []
        url    =    'https://m.*****.*****.com/golfz/sight/arriveRecommend?
dep={}&exclude=&extensionImg=255,175'.format(urllib.request.quote(dep))
        arrive_dict = get_json(url)
        for arr_item in arrive_dict['data']:
            for arr_item_1 in arr_item['subModules']:
                for query in arr_item_1['items']:
                    if query['query'] not in a:
                        a.append(query['query'])
        for item in a:
            get_list(dep,item)

    dep_list = '''
        马鞍山
        茂名
        眉山
        梅州
        惠州
        此处省略 700 多个城市
        葫芦岛
        呼伦贝尔
        湖州
    '''
```

接下来新建一个 Python File，命名为 main.py，代码如下。

```python
from ***** import get_all_data        #从文件中导入 get_all_data()函数
from ***** import dep_list            #从文件中导入 dep_list()函数
from multiprocessing import Pool      #从 multiprocessing 库中导入 Pool()函数

if __name__ == "__main__":
    pool=Pool()
    pool.map(get_all_data,dep_list.split())
```

多进程爬虫用的库是 Pool（注意输入 Pool 时，第一个字母必须大写），Pool()函数可以自定义多进程的数量，不设置时代表默认有多少个 CPU 就开多少个进程。

最后使用 pool.map 将第二个参数映射到第一个参数（函数）上。

4.7　容错处理

在代码运行过程中，我们发现 routeCount 这条语句会出错，经过排查发现是返回的数据中没有 data.limit.routeCount 这条路径，也就是说对应的出发地站点和目的地没有产品，因此可以为这条语句加上容错处理，代码如下。

```
try:
    routeCount = int(strhtml['data']['limit']['routeCount'])
except:
    return
```

一旦 routeCount = int(strhtml['data']['limit']['routeCount'])出错，程序就会执行 return，结束当前的 def。

try 完整的结果如下。

```
try:
    ...
except exception1:
    ...
except exception2:
    ...
except:
    ...
else:
    ...
finally:
    ...
```

如果 try 部分没有异常，那么将跳过 except 部分，执行 else 部分的语句。

finally 表示无论是否有异常情况，最后都要执行的语句。

具体流程如下所示。

```
try->异常->except->finally
try->无异常->else->finally
```

4.8　习题

一、判断题

1. Python 中的 Pool 是用于多进程爬虫的库，可以自定义多进程的数量。（　　）

2. 爬虫容错处理（try...except...else）如果 try 部分没有异常，那么将运行 except 部分

的语句，而跳过 else 部分。（　　）

   3. 异常处理结构不是万能的，处理异常的代码也有引发异常的可能。（　　）

   4. 程序异常发生后经过妥善处理可以继续执行。（　　）

   5. 异常语句可以与 else 和 finally 保留字配合使用。（　　）

   6. 编程语言中的异常和错误是完全相同的概念。（　　）

   7. Python 通过 try、except 等保留字提供异常处理功能。（　　）

二、应用题

结合多进程爬虫和容错处理的相关知识，爬取某网页的产品标题、产品价格、产品销量及类目名称信息，爬取内容如下图所示。

第 5 章

采集手机 App 数据

5.1　模拟器及抓包环境配置

采集手机 App 数据和采集网页数据的原理相同，需要先通过网络抓包，拦截 App 和服务器通信的数据包，然后找到传输的接口和参数，最后使用 requests 包采集数据。这中间最烦琐的环节是拦截 App 和服务器通信的数据包，需要使用安卓模拟器及抓包工具，并将安卓模拟器和抓包工具连接起来；也可以直接使用安卓手机代替安卓模拟器，但建议使用闲置手机（不要安装多余的应用），如果使用自己常用的手机，则数据交互频繁容易混淆我们的观察。

安卓模拟器必须支持桥接模式，这样才可以让数据包经过抓包工具。本书使用的安卓模拟器为夜神模拟器，抓包工具为 Fiddler。笔者已经测试过多款安卓模拟器，建议直接采用笔者推荐的模拟器及版本号。因为设置后在模拟器中使用网络时网速会较慢，因此建议在设置前先安装好要采集的 App。

1. 设置模拟器环境

打开桥接模式，如图 5-1 所示，单击模拟器右上角的齿轮状设置按钮，在属性设置中勾选"开启网络桥接模式"复选框，表示开启网络桥接模式。初次使用时该复选框可能是灰色的，无法启用，下方有提示，需要安装驱动，按提示安装驱动后即可启用。

图 5-1

设置安卓模拟器（手机）的代理服务器，代理服务器地址是本机的 IP 地址，如图 5-2 所示，在模拟器的 WLAN 设置中单击"修改网络"选项。模拟器操作界面类似于安卓平板系统，如果没有使用过，则可以先熟悉模拟器的使用方法。本机 IP 地址可使用 DOS 命令 ipconfig 查看。

图 5-2

如图 5-3 所示，将代理设置为手动，设置代理服务器主机名（ PC IP 地址 ），设置代理服务器端口为不用的端口，如 8892、8890 等端口。如果设置成系统正在使用的端口，则可能会有许多干扰数据。可使用 DOS 命令 netstat -a 查看正在使用的端口号。

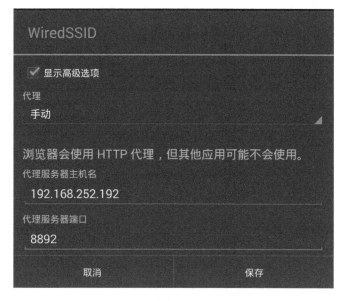

图 5-3

2. 设置 Fiddler

如图 5-4 所示，在 Fiddler 操作界面中单击 "Tools"（工具）菜单，选择 "Options"（设置）命令。

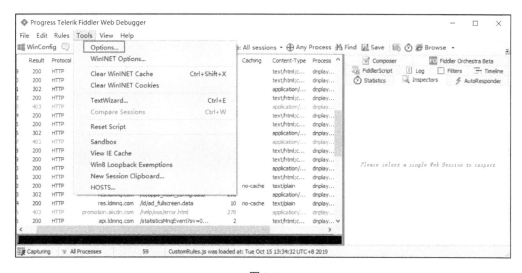

图 5-4

在设置界面中需要设置 3 个选项卡的内容，分别是 General（通用）、HTTPS、

Connections（连接）。如图 5-5 所示，在 General 选项卡中勾选"Enable IPv6"复选框，启用 IPv6。

如图 5-6 所示，在 HTTPS 选项卡中勾选"Capture HTTPS CONNECTs"（捕获 HTTPS 连接）和"Decrypt HTTPS traffic"（解析 HTTPS 数据）复选框，会提示证书安装，确定安装即可。

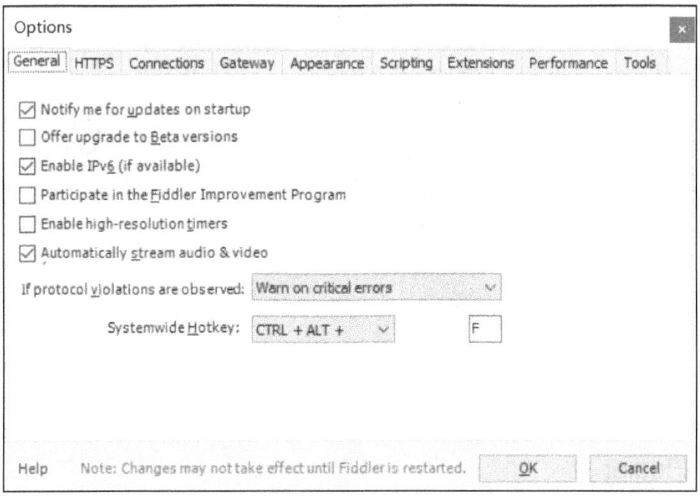

图 5-5

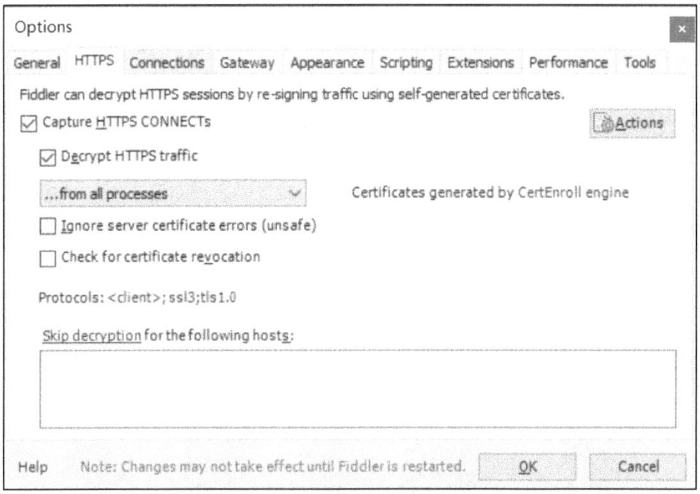

图 5-6

如图 5-7 所示，在 Connections 选项卡中设置端口号，此端口号和模拟器设置的代理服务器端口号必须一致。

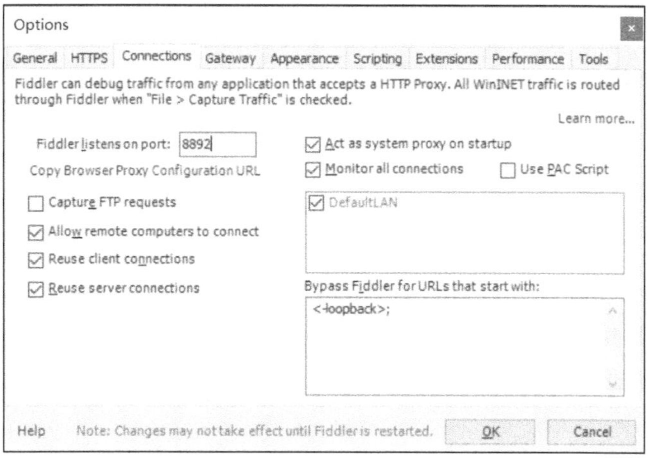

图 5-7

5.2 App 数据抓包

启动夜神模拟器和 Fiddle，在模拟器中打开应用市场，安装 App。如图 5-8 所示，是在模拟器中打开的某小说 App 中的页面，在 App 中的点击路径为：我的→排行榜→畅销榜。

图 5-8

通过 Fiddle 可以查看到 App 传输过程的所有数据包，找到当前排行榜的数据包。理论上，当前数据包应该从捕获到的列表的底部开始向上寻找，这是最快找到数据包的路径。另外，通过数据类型（JSON）、主机（Host）、内容（Body）的大小也可以快速判断目标数据包。如图 5-9 所示，是畅销榜的数据包。

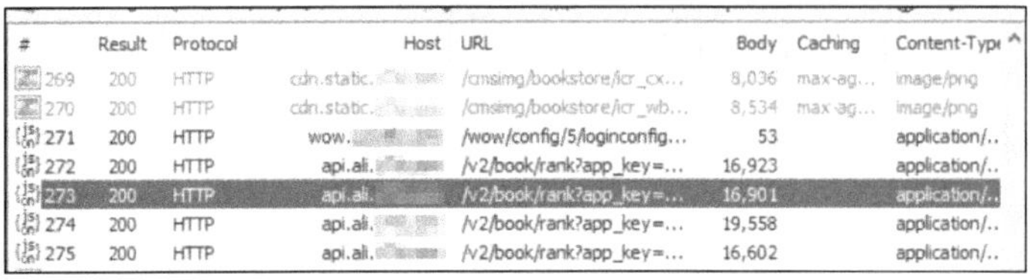

#	Result	Protocol	Host	URL	Body	Caching	Content-Type
269	200	HTTP	cdn.static.	/cmsimg/bookstore/icr_cx...	8,036	max-ag...	image/png
270	200	HTTP	cdn.static.	/cmsimg/bookstore/icr_wb...	8,534	max-ag...	image/png
271	200	HTTP	wow...	/wow/config/5/loginconfig...	53		application/...
272	200	HTTP	api.ali.	/v2/book/rank?app_key=...	16,923		application/...
273	200	HTTP	api.ali.	/v2/book/rank?app_key=...	16,901		application/...
274	200	HTTP	api.ali.	/v2/book/rank?app_key=...	19,558		application/...
275	200	HTTP	api.ali.	/v2/book/rank?app_key=...	16,602		application/...

图 5-9

单击目标数据包后，在 Fiddle 右侧可以看到请求（Request）信息，特别是请求头，包括请求方式、URL 等重要信息，如图 5-10 所示。

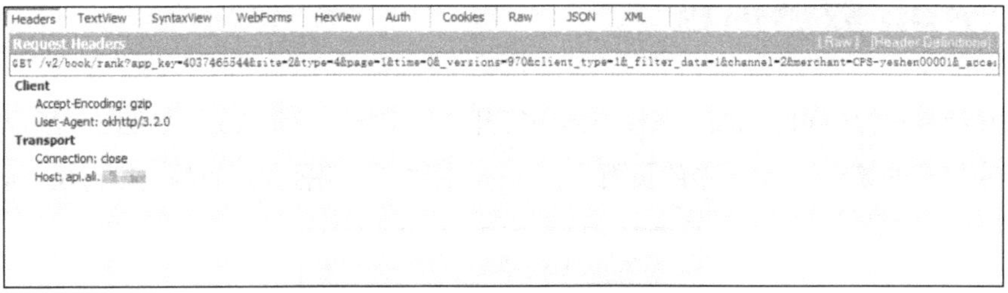

图 5-10

在请求信息下方是服务器响应数据，如图 5-11 所示，在 TextView 中可以看到返回的数据，将返回的数据跟 App 上的信息进行比对，可以确认这个数据包就是目标数据包。

图 5-11

如果是 JSON 结构的数据，则可以直接在响应信息的选项卡中单击 "JSON" 选项卡，可以观察到 JSON 结构化后的数据，如图 5-12 所示。

图 5-12

如图 5-13 所示，在目标数据包上单击鼠标右键，在弹出的快捷菜单中可以复制请求的 URL。由于这个数据包是 GET 方式的，因此复制的 URL 就是采集数据所必需的地址。

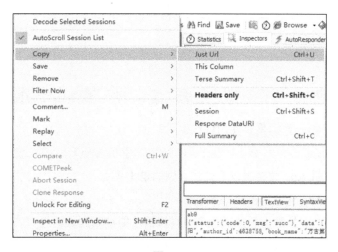

图 5-13

5.3 手机 App 数据的采集

在 5.2 节中已经获取到了目标 URL，先测试是否可以在 Python 中获取数据，直接使用 requests.get 访问目标 URL，代码如下。

```
import requests
print(requests.get("http://api.ali.***.com/v2/book/rank?app_key=4037465
544&site=2&type=4&page=1&time=0&_versions=970&client_type=1&_filter_data=1&
channel=2&merchant=CPS-yeshen00001&_access_version=2&cps=CPS-yeshen").text)
```

打印出来的数据和 App 的数据进行比对，确认是否无误。

通过观察发现，目标 URL 的参数中只有一个 page 参数是可以控制数据变化的参数，因此先测试是否通过改变 page 参数就可以让服务器返回不同页码的数据，代码如下。

```
import requests
for i in range(1,3):
    url="http://api.ali.***.com/v2/book/rank?app_key=4037465544&site=
2&type= 4&page={}&time=0&_versions=970&client_type=1&_filter_data=1&channel=
2&merchant=CPS-yeshen00001&_access_version=2&cps=CPS-yeshen".format(i)
    data=requests.get(url).text
    print(data)
```

通过以上代码可以确认，通过 page 参数就可以将整个畅销榜采集下来，下载到本地文件或写入数据库的代码读者可参考第 4 章的内容。如果不知道页面的范围，则可以设置一个极大的数，通过返回的 body 字节数来判断是否超出了页码范围。由于是 JSON 接口，一般参数溢出返回状态是 200，因此无法通过.status_code 属性来判断。

5.4 习题

一、选择题

1. 采集手机 App 数据需要使用什么工具？（   ）

   A. 安卓模拟器　　　B. 抓包工具　　　C. 手机 App　　　　D. 浏览器

2. 在采集手机 App 数据时以下说法正确的是（   ）。

   A. 手机 App 的数据不能采集

   B. 手机 App 的数据只能通过安卓模拟器才能捕获到数据包

   C. 手机 App 的数据可以通过安卓手机捕获数据包

   D. 需要采购代理服务器

二、判断题

1. 采集手机 App 数据的原理和网页不同。（   ）

2. 网络桥接的作用是保证 App 可以访问网络。（   ）

三、应用题

使用安卓模拟器和抓包工具抓取某网站的自由行搜索数据，并对比其和浏览器上的自由行搜索数据的区别，如下图所示。

第6章

Scrapy 爬虫

6.1　Scrapy 简介

　　谈起爬虫必然要提起 Scrapy 框架，因为它有利于提升爬虫的效率，从而更好地实现爬虫。Scrapy 是一个为了抓取网页数据、提取结构性数据而编写的应用框架，该框架是封装的，包含 Request（异步调度和处理）、下载器（多线程的 Downloader）、解析器（Selector）和 Twisted（异步处理）等。对于网站的内容爬取，其速度非常快。

　　也许读者会感到迷惑，有这么好的爬虫框架，为什么前面的章节还要学习使用 requests 库请求网页数据？其实，requests 是一个功能十分强大的库，它能够满足大部分网页数据获取的需求。其工作原理是向服务器发送数据请求，至于数据的下载和解析，都需要自己处理，因而灵活性高。而 Scrapy 框架由于是封装的，使得其灵活性降低。至于使用哪种爬虫方式，完全取决于个人的实际需求。在没有明确需求之前，笔者依然推荐初学者先选择 requests 库请求网页数据，而在业务实战中产生实际需求时，再考虑使用 Scrapy 框架。

6.2　安装 Scrapy

直接使用 pip 安装 Scrapy 会产生一些错误的安装提示信息，导致 Scrapy 无法正常安装。当然，既然有问题出现，就必然对应着许多解决办法。读者只需根据错误的安装提示信息找到相应的包进行安装即可，此处不对这种方法进行详细讲解。本节主要介绍如何在 PyCharm 中安装 Scrapy。

第一步，选择 Anaconda 3 作为编译环境。在 PyCharm 中单击 "File" 菜单，选择 "Settings" 命令，弹出如图 6-1 所示的界面，然后展开 Project Interpreter 的下拉列表，选择 Anaconda 3。

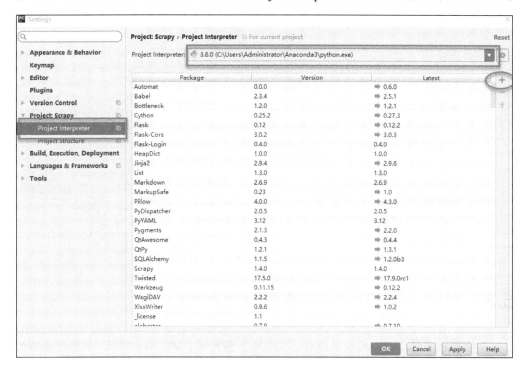

图 6-1

第二步，安装 Scrapy。单击图 6-1 所示的界面右上角的绿色加号按钮，弹出如图 6-2 所示的界面。输入并搜索 "scrapy"，然后单击 "Install Package" 按钮。等待，直至出现 "Pakage 'scrapy' installed successfully"。

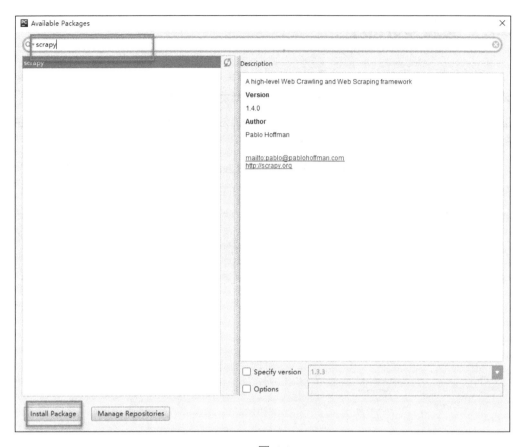

图 6-2

6.3　案例：用 Scrapy 抓取股票行情

本案例将使用 Scrapy 框架抓取某证券网站 A 股行情，如图 6-3 所示。抓取过程分为以下五步：

第一步，创建 Scrapy 爬虫项目。

第二步，定义一个 item 容器。

第三步，定义 settings.py 文件进行基本爬虫设置。

第四步，编写爬虫逻辑。

第五步，代码调试。

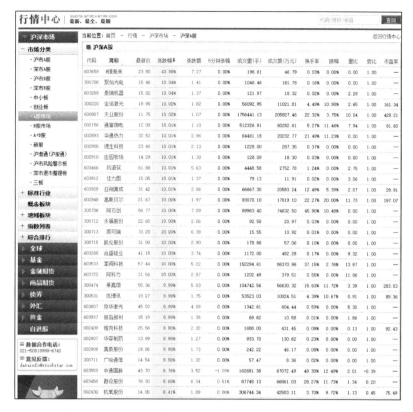

图 6-3

1. 创建 Scrapy 爬虫项目

调出 CMD，输入如下代码并按【Enter】键，创建 Scrapy 爬虫项目。

```
scrapy startproject stockstar
```

其中 scrapy startproject 是固定命令，stockstar 是笔者设置的工程名称。

运行上述代码的目的是创建相应的项目文件，如下所示。

- 放置 spider 代码的目录文件：spiders（用于编写爬虫）。
- 项目中的 item 文件：items.py（用于保存所抓取的数据的容器，其存储方式类似于 Python 的字典）。
- 项目的中间件：middlewares .py（提供一种简便的机制，通过允许插入自定义代码来拓展 Scrapy 的功能）。
- 项目的 pipelines 文件：pipelines.py（核心处理器）。
- 项目的设置文件：settings.py。
- 项目的配置文件：scrapy.cfg。

项目结构如图 6-4 所示。

图 6-4

创建 Scrapy 爬虫项目以后，在 settings.py 文件中有这样一条默认开启的语句：

```
ROBOTSTXT_OBEY = True
```

robots.txt 是遵循 robots 协议的一个文件，在 Scrapy 启动后，首先会访问网站的 robots.txt 文件，然后决定该网站的爬取范围。有时我们需要将此配置项设置为 False。在 settings.py 文件中，修改文件属性的方法如下。

```
ROBOTSTXT_OBEY = False
```

右击 E:\stockstar\stockstar 文件夹，在弹出的快捷菜单中选择"Mark Directory as"→ "Sources Root"命令，这样可以使得导入包的语法更加简洁，如图 6-5 所示。

图 6-5

2．定义一个 item 容器

item 是存储爬取数据的容器，其使用方法和 Python 字典类似。它提供了额外的保护机制以避免拼写错误导致的未定义字段错误。

首先需要对所要抓取的网页数据进行分析，定义所爬取记录的数据结构。在相应的 items.py 中建立相应的字段，详细代码如下。

```python
import scrapy
from scrapy.loader import ItemLoader
from scrapy.loader.processors import TakeFirst

class StockstarItemLoader(ItemLoader):
#自定义 ItemLoader，用于存储爬虫所抓取的字段内容
    default_output_processor = TakeFirst()

class StockstarItem(scrapy.Item):# 建立相应的字段
    # define the fields for your item here like:
    # name = scrapy.Field()
    code = scrapy.Field()              # 股票代码
    abbr = scrapy.Field()              # 股票简称
    last_trade = scrapy.Field()        # 最新价
    chg_ratio = scrapy.Field()         # 涨跌幅
    chg_amt = scrapy.Field()           # 涨跌额
    chg_ratio_5min = scrapy.Field()    # 5 分钟涨幅
    volumn = scrapy.Field()            # 成交量
    turn_over = scrapy.Field()         # 成交额
```

3．定义 settings.py 文件进行基本爬虫设置

在相应的 settings.py 文件中定义可显示中文的 JsonLinesItemExporter，并设置爬取间隔为 0.25 秒，详细代码如下。

```python
    from scrapy.exporters import JsonLinesItemExporter
# 默认显示的中文是阅读性较差的 Unicode 字符
# 需要定义子类显示出原来的字符集（将父类的 ensure_ascii 属性设置为 False 即可）
class CustomJsonLinesItemExporter(JsonLinesItemExporter):
    def __init__(self, file, **kwargs):
        super(CustomJsonLinesItemExporter, self).__init__(file, ensure_
ascii=False, **kwargs)
    # 启用新定义的 Exporter 类
FEED_EXPORTERS = {
    'json': 'stockstar.settings.CustomJsonLinesItemExporter',
}
```

```
...
    # Configure a delay for requests for the same website (default: 0)
    #   See   http://*****************.org/en/latest/topics/settings.html#
download- delay
    # See also autothrottle settings and docs
DOWNLOAD_DELAY = 0.25
```

4．编写爬虫逻辑

在编写爬虫逻辑之前，需要在 stockstar/spider 子文件夹下创建.py 文件，用于定义爬虫的范围，也就是初始 URL。接下来定义一个名为 parse 的函数，用于解析服务器返回的内容。

首先在 CMD 中输入代码，并生成 spider 代码，如下所示。

```
cd stockstar
scrapy genspider stock *****.*********.com
```

此时在 spider 文件夹下会创建 stock.py 文件，该文件会生成 start_url，即爬虫的起始地址，并且创建名为 parse 的自定义函数，之后的爬虫逻辑将在 parse()函数中书写。文件详情如图 6-6 所示，代码详情如图 6-7 所示。

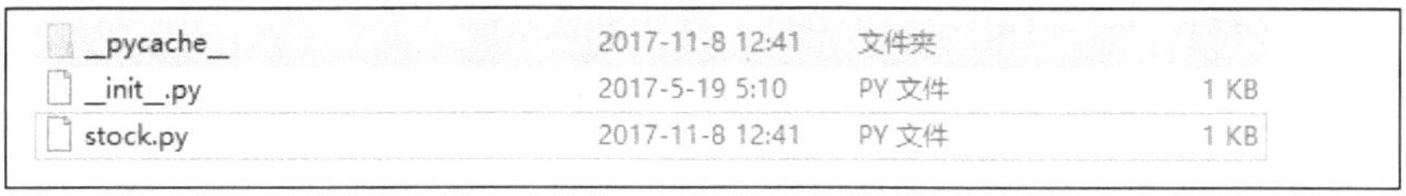

图 6-6

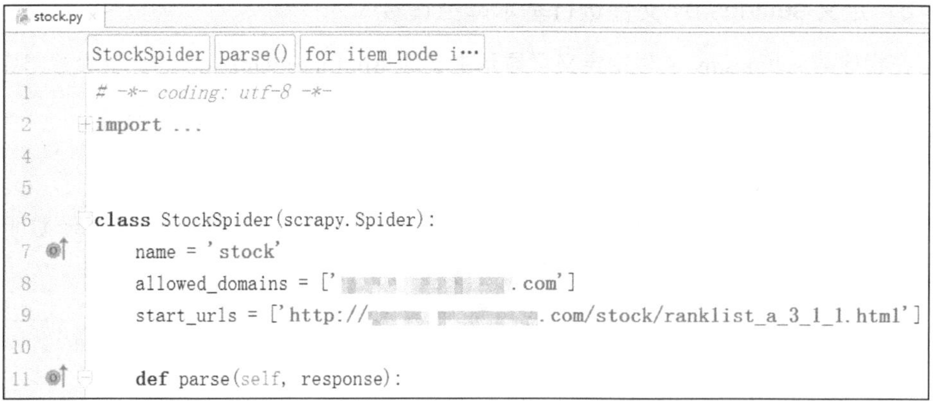

图 6-7

随后在 spiders/stock.py 文件下定义爬虫逻辑，详细代码如下。

```python
import scrapy
from items import StockstarItem, StockstarItemLoader
class StockSpider(scrapy.Spider):
    name = 'stock'                                #定义爬虫名称
    allowed_domains = ['*****.*********.com']      #定义爬虫域
    start_urls = ['http://*****.*********.com/stock/
ranklist_a_3_1_1.html']
            #定义开始爬虫链接
    def parse(self, response):   #撰写爬虫逻辑
        page = int(response.url.split("_")[-1].split(".")[0])   #抓取页码
        item_nodes = response.css('#datalist tr')
        for item_node in item_nodes:
            #根据item文件中所定义的字段内容进行字段内容的抓取
            item_loader = StockstarItemLoader(item=StockstarItem(),
selector = item_node)
            item_loader.add_css("code", "td:nth-child(1) a::text")
            item_loader.add_css("abbr", "td:nth-child(2) a::text")
            item_loader.add_css("last_trade", "td:nth-child(3)  span::
text")
            item_loader.add_css("chg_ratio", "td:nth-child(4)  span::
text")
            item_loader.add_css("chg_amt", "td:nth-child(5)  span::
text")
            item_loader.add_css("chg_ratio_5min", "td:nth-child(6) span::
text")
            item_loader.add_css("volumn", "td:nth-child(7)::text")
            item_loader.add_css("turn_over", "td:nth-child(8)::text")
            stock_item = item_loader.load_item()
            yield stock_item
        if item_nodes:
            next_page = page + 1
            next_url = response.url.replace("{0}.html".format(page),
"{0}. html".format(next_page))
            yield scrapy.Request(url=next_url, callback=self.parse)
```

5．代码调试

为了调试方便，在 E:\stockstar 下新建一个名为 main.py 的文件，调试代码如下。

```python
from scrapy.cmdline import execute
execute(["scrapy", "crawl", "stock", "-o", "items.json"])
```

其等价于在 E:\stockstar 下执行"scrapy crawl stock -o items.json"命令，将爬取的数据导出到 items.json 文件。

```
E:\stockstar>scrapy crawl stock -o items.json
```

在代码里可设置断点（如在 spiders/stock.py 内），然后单击"Run"菜单，在弹出的菜单项中选择"Debug 'main'"进行调试，如图 6-8 和图 6-9 所示。

```
stock.py ×
5
6      class StockSpider(scrapy.Spider):
7          name = 'stock'
8          allowed_domains = ['███████████.com']
9          start_urls = ['http://████ █████████.com/stock/ranklist_a_3_1_1.html']
10
11         def parse(self, response):
12             page = int(response.url.split("_")[-1].split(".")[0])
13             item_nodes = response.css('#datalist tr')
14
15             for item_node in item_nodes:
16                 item_loader = StockstarItemLoader(item=StockstarItem(), selector=item_node)
17                 item_loader.add_css("code", "td:nth-child(1) a::text")
18                 item_loader.add_css("abbr", "td:nth-child(2) a::text")
19                 item_loader.add_css("last_trade", "td:nth-child(3) span::text")
20                 item_loader.add_css("chg_ratio", "td:nth-child(4) span::text")
21                 item_loader.add_css("chg_amt", "td:nth-child(5) span::text")
22                 item_loader.add_css("chg_ratio_5min", "td:nth-child(6) span::text")
23                 item_loader.add_css("volumn", "td:nth-child(7)::text")
24                 item_loader.add_css("turn_over", "td:nth-child(8)::text")
25                 stock_item = item_loader.load_item()
26                 yield stock_item
```

图 6-8

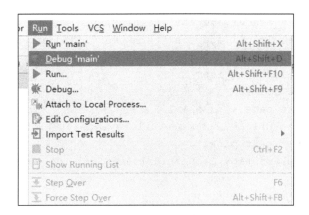

图 6-9

最后在 PyCharm 中运行 Run 'main'，运行界面如图 6-10 所示。

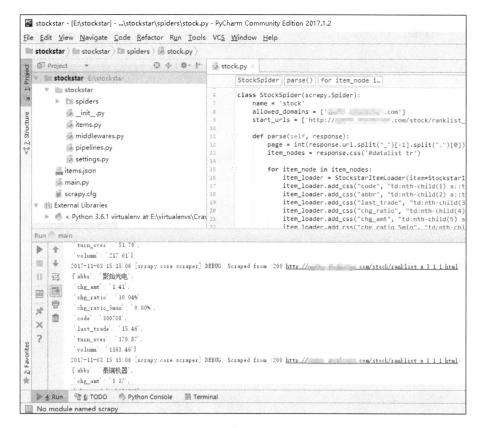

图 6-10

将所抓取的数据以 JSON 格式保存在 item 容器中，如图 6-11 所示。

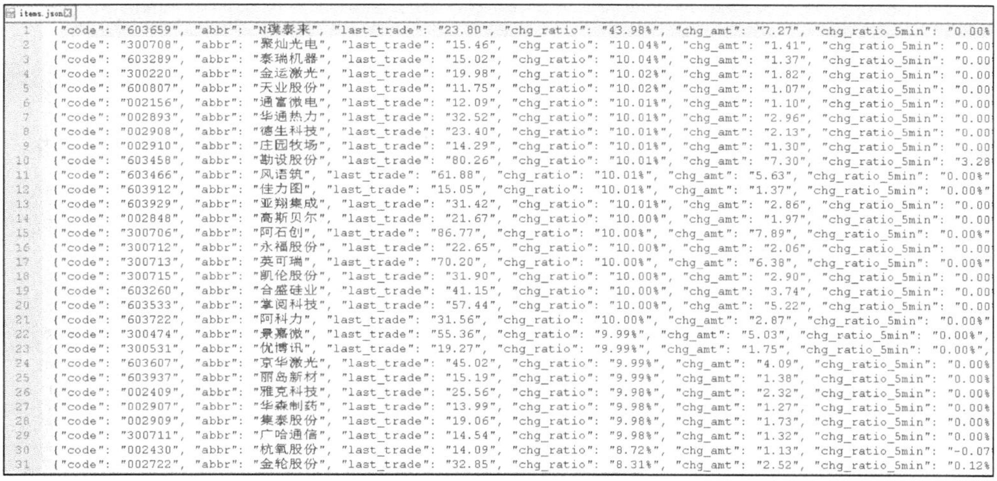

图 6-11

6.4 习题

一、选择题

1. Scrapy 启动后，首先会访问网站的什么文件？（ ）

   A. spider.txt   B. robots.txt   C. Law.txt   D. Scrapy.txt

2. 下列关于 Scrapy 爬虫的表述有误的是（ ）。

   A. Scrapy 可用 XPath 表达式分析页面结构

   B. Scrapy 可以用于数据挖掘、监测和自动化测试

   C. Scrapy 源码中默认 callback 函数的函数名就是 parse

   D. Scrapy 使用 Twisted 同步网络库来处理网络通信

3. 以下哪些组件包含在 Scrapy 框架中？（ ）

   A. Request   B. 下载器   C. 解析器   D. Twisted

4. 以下哪些是 Scrapy 爬虫的必要步骤？（ ）

   A. 创建 Scrapy 爬虫项目   B. 定义 item 容器

   C. 定义 settings.py 文件   D. 编写爬虫逻辑

二、判断题

1. Scrapy 是功能十分强大的库，未封装，故而爬虫灵活性高。（ ）
2. Scrapy 是一套用 Python 编写的异步爬虫框架，基于 Twisted 实现。（ ）
3. Scrapy 编写爬虫逻辑时需自主定义函数，用于解析服务器返回的内容。（ ）

三、应用题

用 Scrapy 框架爬取某电商网站产品图片，并将爬取到的图片存储到指定文件夹中。

第 **7** 章

Selenium 爬虫

7.1　Selenium 简介

当用 Python 爬取动态页面时，普通的 requests、urllib2 无法实现。图 7-1 和图 7-2 所示为某旅游网站自由行路线页面，单击"下一页"按钮时会加载新的内容，而网页 URL 不变（没有传入页码相关参数），requests、urllib2 无法抓取这些动态加载的内容，此时就需要使用 Selenium 了。

Selenium 是一个用于 Web 应用程序测试的工具。Selenium 测试直接在浏览器中运行，就像真正的用户在操作一样，其支持的浏览器包括 IE、Chrome、Firefox 等。使用它爬取页面十分方便，只需要按照访问步骤模拟人的操作就可以了，不用担心 Cookie、Session 的处理。它可以帮助你输入账户、密码，然后单击"登录"按钮，也可以单击"下一页"按钮实现自动翻页。以上这些功能在应对一些反爬虫机制时十分有用。

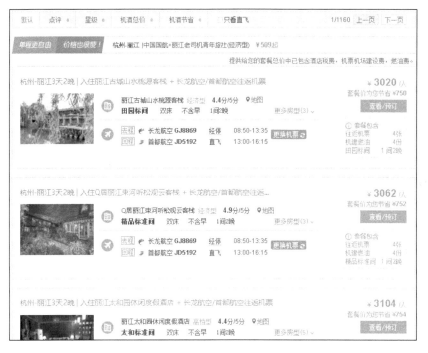

图 7-1

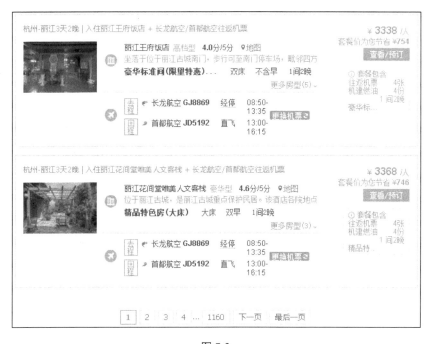

图 7-2

7.2 安装 Selenium

接下来进行具体操作，首先在 PyCharm 中安装 Selenium 框架，如图 7-3 所示。

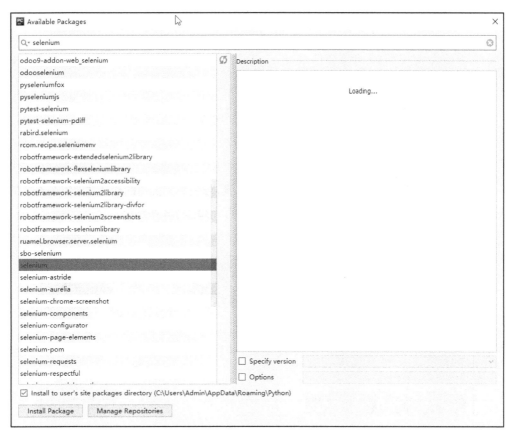

图 7-3

7.3 Selenium 定位及操作元素

1. 定位元素

Selenium 提供了功能全面的元素定位方法，可基于 id、name、xpath、css selector 等方式定位元素。以下方法返回单个元素：

```
find_element_by_id()
find_element_by_name()
find_element_by_xpath()
find_element_by_link_text()
```

```
find_element_by_partial_link_text()
find_element_by_tag_name()
find_element_by_class_name()
find_element_by_css_selector()
```

以下方法以列表的形式返回多个元素：

```
find_elements_by_name()
find_elements_by_xpath()
find_elements_by_link_text()
find_elements_by_partial_link_text()
find_elements_by_tag_name()
find_elements_by_class_name()
find_elements_by_css_selector()
```

使用 clear()方法可以清除元素的内容。

比如定位某淘网的登录框的用户名和密码元素，先使用浏览器的检查功能复制对应的 XPath，然后使用 find_element_by_xpath()方法即可，如图 7-4 所示。

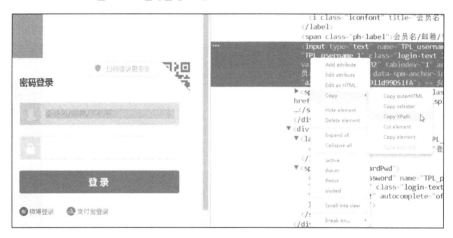

图 7-4

```
username = driver.find_element_by_xpath(//*[@id="TPL_username_1"])
password = driver.find_element_by_xpath(//*[@id="TPL_password_1"])
```

2. 信息获取

size：获取元素的尺寸。

text：获取元素的文本。

get_attribute(name)：获取属性值。

location：获取元素坐标，先找到要获取的元素，再调用该方法。

page_source：返回页面源码。

driver.title：返回页面标题。

current_url：获取当前页面的 URL。

is_displayed()：设置该元素是否可见。

is_enabled()：判断元素是否被使用。

is_selected()：判断元素是否被选中。

tag_name：返回元素的 tagName。

3．鼠标操作

click()：点击元素。

context_click(elem)：右击鼠标、点击元素 elem、另存为等操作。

double_click(elem)：双击鼠标点击元素 elem，地图 web 可实现放大功能。

drag_and_drop(source,target)：拖动鼠标，实现在源元素上按下鼠标左键并移动至目标元素再释放的操作。

move_to_element(elem)：鼠标光标移动到一个元素上。

click_and_hold(elem)：在一个元素上按下鼠标左键。

perform()：通过调用该函数执行 ActionChains 中存储的行为。

4．键盘操作

send_keys(Keys.ENTER)：按下回车键。

send_keys(Keys.TAB)：按下【Tab】制表键。

send_keys(Keys.SPACE)：按下空格键【Space】。

send_keys(Kyes.ESCAPE)：按下回退键【Esc】。

send_keys(Keys.BACK_SPACE)：按下删除键【BackSpace】。

send_keys(Keys.SHIFT)：按下【shift】键。

send_keys(Keys.CONTROL)：按下【Ctrl】键。

send_keys(Keys.ARROW_DOWN)：按下向下按键。

send_keys(Keys.CONTROL,'a')：组合键全选【Ctrl+A】。

send_keys(Keys.CONTROL,'c')：组合键复制【Ctrl+C】。

send_keys(Keys.CONTROL,'x')：组合键剪切【Ctrl+X】。

send_keys(Keys.CONTROL,'v')：组合键粘贴【Ctrl+V】。

5．提交表单

提交表单是 Selenium 常用的方法，可以实现和网站的更多交互操作。

```
submit() 提交表单
```

前文定位到用户名和密码元素后，可用 send_keys()提交用户名和密码，用 submit()触发登录按钮（也可使用 click()方法）。

```
Username. send_keys("lingyi")
password. send_keys("mima")
driver.find_element_by_id("J_SubmitStatic").submit()
#driver.find_element_by_id("J_SubmitStatic").click()作用同上
```

7.4　案例：用 Selenium 抓取某电商网站数据

本节案例使用 Selenium 框架抓取某电商网站旅游路线数据。

使用 Selenium 需要选择一个调用的浏览器并下载好对应的驱动，在 Windows 桌面可以选择 Chrome、Firefox 等，服务器端可以使用 PhantomJS。桌面版可以直接调出浏览器观察变化，所以一般可以通过 Chrome 等调试好桌面版之后，将浏览器改为 PhantomJS，然后上传到服务器使其运行。这里以 Chrome 做演示。

（1）下载谷歌浏览器 Chrome 并安装。

（2）下载浏览器驱动 chromedriver。

将下载的 chromedriver.exe 文件复制到系统路径，例如，C:\Users\Admin\AppData\Local\Programs\Python\Python36-32\Scripts（安装时已加入环境变量）。

如果还没有加入环境变量，则可以手动加入。在控制面板中单击"高级系统设置"选项卡，选择"高级"→"环境变量"，如图 7-5 所示。

图 7-5

在弹出对话框的"系统变量"中选择 Path，然后单击右下角的"编辑"按钮，如图 7-6 所示。

图 7-6

找到 Python 的 Scripts 文件夹目录：本地安装路径\ Python\Python 版本号\Scripts，然后单击右侧的"新建"按钮，粘贴 Scripts 路径即可，如图 7-7 所示。

图 7-7

（3）Selenium 爬虫代码实现，输入以下代码。

```python
import requests
import urllib
import time
import random
from selenium import webdriver
from selenium.webdriver.common.by import By
from selenium.webdriver.support.ui import WebDriverWait
from selenium.webdriver.support import expected_conditions as EC


def get_url(url):
    time.sleep(5)
    return(requests.get(url))


if __name__ == "__main__":
    driver = webdriver.Chrome()
dep_cities = ["北京","上海","广州","深圳","天津","杭州","南京","济南",\
              "重庆","青岛","大连","宁波","厦门","成都","武汉","哈尔滨",\
              "沈阳","西安","长春","长沙","福州","郑州","石家庄","苏州",\
              "佛山","烟台","合肥","昆明","唐山","乌鲁木齐","兰州",\
              "呼和浩特","南通","潍坊","绍兴","邯郸","东营","嘉兴","泰州",\
              "江阴","金华","鞍山","襄阳","南阳","岳阳","漳州","淮安",\
              "湛江","柳州","绵阳"]
    for dep in dep_cities:
        strhtml = get_url('https://m.*****.*****.com/golfz/sight/
arriveRecommend?dep=' + urllib.request.quote(dep) +
'&exclude=&extensionImg=255,175')
        arrive_dict = strhtml.json()
        for arr_item in arrive_dict['data']:
            for arr_item_1 in arr_item['subModules']:
                for query in arr_item_1['items']:
                    driver.get("https://fh.*****.*****.com/?tf=package")
                    WebDriverWait(driver, 10).until(EC.presence_of_element_
located((By.ID, "depCity")))
                    driver.find_element_by_xpath("//*[@id='depCity']").
clear()
                    driver.find_element_by_xpath("//*[@id='depCity']").
send_keys(dep)
                    driver.find_element_by_xpath("//*[@id='arrCity']").
send_keys(query["query"])
                    driver.find_element_by_xpath("/html/body/div[2]/div[1]/
div[2]/div[3]/div/div[2]/div/a").click()
                    print("dep:%s arr:%s" % (dep, query["query"]))
```

```
                    for i in range(100):
                        time.sleep(random.uniform(5, 6))
                        pageBtns = driver.find_elements_by_xpath("html/body/
div[2]/div[2]/div[8]")
                        if pageBtns == []:
                            break
                        routes = driver.find_elements_by_xpath("html/body/
div[2]/div[2]/div[7]/div[2]/div")
                        for route in routes:
                            result = {
                                'date': time.strftime('%Y-%m-%d', time.
localtime(time.time())),
                                'dep': dep,
                                'arrive': query['query'],
                                'result': route.text
                            }
                            print(result)

                        if i < 9:
                            btns = driver.find_elements_by_xpath("html/
body/ div[2]/div[2]/div[8]/div/div/a")
                            for a in btns:
                                if a.text == u"下一页":
                                    a.click()
                                    break

    driver.close()
```

代码运行结果如图 7-8 所示。

调用浏览器对象要用到 Selenium 框架中的 webdriver 库：先初始化一个谷歌浏览器对象，执行以下代码，就可以调用谷歌浏览器，会看到桌面弹出一个浏览器窗口。

```
from selenium import webdriver
driver = webdriver.Chrome()
```

如果要调用火狐浏览器，则用 webdriver.Firefox；如果要调用 PhantomJS 浏览器，则用 webdriver.PhantomJS。

接下来通过浏览器打开网页，这里使用 get()方法，代码如下。

```
driver.get("https://fh.*****.*****.com/?tf=package")
```

图 7-8

打开网页后，等待出发地输入框加载完毕，如图 7-9 所示。

图 7-9

实现等待需要用到 3 个库：By 库用于指定 HTML 文件中的 DOM 标签元素；
WebDriverWait 库用于等待网页加载完成；expected_conditions 库（下面用 EC 作为这个库
的简称）用于指定等待网页加载结束的条件。

```
from selenium.webdriver.common.by import By
from selenium.webdriver.support.ui import WebDriverWait
from selenium.webdriver.support import expected_conditions as EC
```

这里的出发地输入框是异步加载的，加载需要等待一段时间，因此需要写一条等待语句。

在浏览器中右击出发地输入框，在弹出的快捷菜单中选择"检查"命令（或"检查元
素"命令，不同浏览器的命名不同），会在右侧的开发者模式页面中定位到这个输入框的

位置。这个输入框是一个 cinput.textbox 元素，id 是 depCity。接下来等待 id="depCity"出现，如图 7-10 所示。

图 7-10

使 driver 保持等待，直到读取 id="depCity"，最多等待时间为 10 秒。用 WebDriverWait 指定等待的浏览器和最长等待时间的语句如下。

```
WebDriverWait(driver, 10).until(EC.presence_of_element_located((By.ID,
"depCity")))
```

其中 EC.presence_of_element_located 用于指定标志等待结束的 DOM 元素，EC.presence_of_ element_located 中的(By.ID, "depCity")相当于指定了 id="depCity"。

等待出发地输入框加载完成后，找到输入框的位置，并清除输入框中的数据。

然后右击右侧高亮的代码，在弹出的快捷菜单中选择"Copy"→"Copy XPath"命令，如图 7-11 所示。这里复制得到的 XPath 是//*[@id="depCity"]，它是一个定位用的路径，后面用同样的方法复制目的地输入框和开始定制按钮的 XPath 路径。

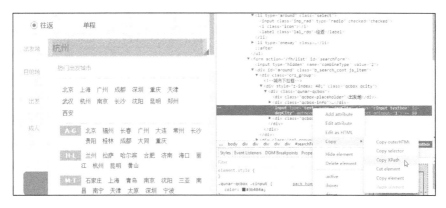

图 7-11

用 webdriver.Chrome()的 find_element_by_xpath()（基于 XPath 路径查找元素）方法找到出发地输入框，然后清除输入框中的内容，代码如下。

```
driver.find_element_by_xpath("//*[@id='depCity']").clear()
```

将自定义的出发地填入出发地输入框，代码如下。

```
driver.find_element_by_xpath("//*[@id='depCity']").send_keys(dep)
```

同理，将目的地填入目的地输入框，代码如下。

```
driver.find_element_by_xpath("//*[@id='arrCity']").send_keys(query[
"query"])
```

单击页面上的"开始定制"按钮，代码如下。

```
driver.find_element_by_xpath("/html/body/div[2]/div[1]/div[2]/div[3
]/div/div[2]/div/a").click()
```

接下来定位到搜索结果页的页码按钮，如果定位不到，则表示结果为空，跳出循环，代码如下。

```
pageBtns = driver.find_elements_by_xpath("html/body/div[2]/div[2]/div[8]")
if pageBtns == []:
    break
```

代码运行结果如图 7-12 所示。

（a）

（b）

图 7-12

找到对应的数据，然后分块取出数据，代码如下。

```
routes = driver.find_elements_by_xpath("html/body/div[2]/div[2]/
div[7]/ div[2]/div")
for route in routes:
    result = {
        'date': time.strftime('%Y-%m-%d', time.localtime(time.time())),
        'dep': dep,
        'arrive': query['query'],
        'result': route.text
    }
```

代码运行结果如图 7-13 所示。

（a）

```
<!--筛选-->
▶<div class="e_filter" id="filter">…</div>
  <!--筛选项-->
▶<div class="filters" id="hozfilter">…</div>
▶<div class="b_rem_one hide" style="display: block;">…</div>
  <p class="filters_intro">提供给您的套餐总价中已包含酒店税费，机票机场建设费，燃油
  费。</p>
▶<div id="no_result" class="b_noresult_ctn hide" style="display: none;">…</div>
  <div style="width: 100%;"></div>
  <abbr style="display: none;" data-type="qad" data-query=
  "vataposition=QNR_MmQ%3D_CN&tag=0&rows=1&cur_page_num=0&rep=1&f=s&vatafrom=&vat
  ato=" data-style="width:100%;" id="qad_sales"> </abbr>
  <!--筛选产品-->
▼<div class="b_fhlistpanel">
  ▶<div class="preloading hide" style="display: none;">…</div>
  ▼<div class="list" id="list">
    ▶<div repeater-ui="item" class="item cf">…</div> == $0
    ▶<div repeater-ui="item" class="item cf">…</div>
    ▶<div repeater-ui="item" class="item cf">…</div>
    ▶<div repeater-ui="item" class="item cf">…</div>
    ▶<div repeater-ui="item" class="item cf">…</div>
    ▶<div repeater-ui="item" class="item cf">…</div>
    ▶<div repeater-ui="item" class="item cf">…</div>
    ▶<div repeater-ui="item" class="item cf">…</div>
    ▶<div repeater-ui="item" class="item cf">…</div>
    ▶<div repeater-ui="item" class="item cf">…</div>
  </div>
```

（b）

图 7-13

接下来指定页码和翻页，这里设定 10 页，检测不到下一页元素就跳出循环，代码如下。

```
for i in range(10):
    ......
    if i < 9:
    btns                                                                    =
driver.find_elements_by_xpath("html/body/div[2]/div[2]/div[8]/
div/div/a")
        for a in btns:
            if a.text == u"下一页":
                a.click()
                break
```

7.5 习题

一、选择题

1. 下面关于 Selenium 爬虫的描述错误的是（   ）。

    A．driver.get()用于打开 URL 指定的网页

    B．find_element_by_*方法用来匹配要查找的元素

    C．send_keys()方法可以用来模拟键盘操作

    D．用 Close()方法关闭多个页面并退出浏览器

2. 以下哪个选项属于 Selenium 爬虫索引定位？（   ）

    A．WebElement xpath = driver.findElement(By.xpath("//input"))

    B．WebElementxpath=river.findElement(By.xpath("//input[3]"))

    C．WebElementxpath=driver.findElement(By.xpath(""//*[@id='su' and @type='submit']""))

    D．WebElement xpath=driver.findElement(By.xpath("//div[@class='qrcode-text']/p/b[text()='百度']"))

3. 以下关于 Selemium 爬虫的说法正确的有（   ）。

    A．Selenium 是一个用于 Web 应用程序测试的工具

    B．浏览器能打开的页面，使用 Selenium 就一定能获取到

    C．相较于其他爬虫方式，Selenium 获取内容的效率最高

    D．Selenium 支持主流的 IE、Chrome、Firefox、Opera、Safari、PhantomJS 等浏览器

二、判断题

1. requests 爬虫比 Selenium 爬虫更像真正用户在操作。（　　）

2. Selenium 爬虫适用于单击下一页 URL 保持不变的情况。（　　）

3. Selenium Web 驱动程序需要服务器安装，测试脚本不能直接与浏览器交互。（　　）

4. Selenium 是开源软件，必须依靠社区论坛来解决技术问题。（　　）

5. Selenium 爬虫浏览器的大小是不可调的。（　　）

6. Cookie 中保存了我们常见的登录信息，有时候爬取网站需要携带 Cookie 信息访问。（　　）

三、应用题

用 Selemium 爬取某招聘网前 5 页的职位信息，要求如下。

（1）采用人机交互（input）输入所需爬取的职位；

（2）爬取内容：职位具体名称、薪酬范围与公司名称。

第**8**章

爬虫案例集锦

8.1 采集外卖平台数据

8.1.1 采集目标

某生活平台是一个综合生活服务平台，通过该平台首页进入外卖板块，基于定位采集外卖商家信息，定位可变换。如图 8-1 所示，使用浏览器的手机模拟器功能访问某生活平台网页版，并进入外卖板块。

如图 8-2 所示，根据定位信息，可以在外卖板块看到周边的外卖商家，目标是采集外卖商家信息。

通过浏览器的抓包功能捕获到外卖商家信息的数据包，确认目标 URL（Request URL）、请求方式（为 POST）、请求头（Request Headers）和请求正文（From Data），如图 8-3 所示。

图 8-1

图 8-2

图 8-3

Python 3 爬虫、数据清洗与可视化实战（第 2 版）

通过观察发现，页码由请求正文中的 startIndex 参数控制，起始于数字 0，每组数据包含 20 家店铺。该生活平台有防爬虫机制，登录账号后，需使用 Cookie 才能通过服务器的验证。

8.1.2 采集代码

```python
#加载包
import requests
import time
#设置请求头
post_headers={
    "Accept":"application/json",
    "Accept-Encoding":"gzip, deflate, br",
    "Accept-Language":"zh-CN,zh;q=0.8",
    "Connection":"keep-alive",
    "Content-Length":"1267",
    "Content-Type":"application/x-www-form-urlencoded",
    "Cookie":"Cookie参数",
    "Host":"i.waimai.*******.com",
    "Origin":"https://h5.waimai.*******.com",
    "Referer":"https://h5.waimai.*******.com/waimai/mindex/home",
    "User-Agent":"Mozilla/5.0 (iPhone; CPU iPhone OS 9_1 like Mac OS
X) AppleWebKit/601.1.46 (KHTML, like Gecko) Version/9.0 Mobile/13B143
Safari/601.1"
    }
#页码循环
for i in range(0,10):
    #设置请求正文
    post_data={
        "startIndex":i,#控制页码
        "sortId":"0",
        "geoType":"2",
        "uuid":"9F3BE100E2106B6516B6CF35D3C0D1803BB1E59A745956707213C0E
6243C38D7",
        "platform":"3",
        "partner":"4",
        "originUrl":"https://h5.waimai.*******.com/waimai/mindex/home",
        "riskLevel":"71",
        "optimusCode":"10",
        "wm_latitude":"30272169",
        "wm_longitude":"119988558",
        "wm_actual_latitude":"30272169",
        "wm_actual_longitude":"119988558",
        "openh5_uuid":"9F3BE100E2106B6516B6CF35D3C0D1803BB1E59A745956
707213C0E6243C38D7",
        "_token":"eJxVUGtvokAU/S986JclAsNTE7PhUSwvBQVs3WwaXlbQGekAIjT733
fcputuMsncc+45586dDwpbOTXjWE5mOZq6FJiaUdyEnUgUTbUN6Ygyx/HcVFamikxT2Z0DQ
FYAx9NUimODmv0QOIGWeennjVgTfCfuFRDIuSksIqAObVs3M4Y5iJM+KWFSTmBRtl2CJtkZ
```

```
Mp8UA0uUF9fv7VAXc4LRa528FQ9dC1+bc4ezYi6xLM8+ZIcEoeI0h22Zkqffokny/4kUmQz
D22TASzTZmQh5WaSBTAoAprQg3NYGHEsLpEnUx5ua3Mm/Lnrjq8u/Vtqw4rv9C31G/EHE3n
7FeOR3Sbsp3xCpCntoI7ft+lH1GDvzFtC3y0t/PjsmSD1NXY3bXFVMmOq2tHDdrH6a7usYJ
Rb0nlXcV8XzPqtW6gqNvnWyD7EGrmuNMfLmsSp3WA9XjoANbDdFHvWbuovYZHQ0qzulGL0o
Iu62kSnGqbk4eYwY1kE5AFg0zRu7TXG13DCgCPst61xdOUiCSnNRFoWyjLdZUJfP9bDZXf2
kZPUqWzR67+BLiyLURQs3MJC2tGGhjt75SefkbnCu8co4XWw9L8De196vkhSsHX9gjqZ/NF
xkm6bQG9+MMGSF+DI1GecdI0VtNbP3m7Vx0vtDiSJezitlHLxOfK8k+Kjsz0zzsjRwubS4a
ruHYcYnylEY4l38aEX5+HIYGn9X5XtJB3ETzOfUr9+gdePQ"
```

```
    }
    #采集数据
    response_data=requests.post("https://i.waimai.*******.com/openh5/
homepage/poilist?_=1571132278222",headers=post_headers,data=post_data).t
ext
    #判断返回数据的长度，如果小于1000，则跳出 for 循环
    if len(response_data)<1000:
        break
    print(response_data)
        time.sleep(2)#延时，每次访问数据间隔 2 秒
```

8.2　采集内容平台数据

8.2.1　采集目标

　　某内容平台是一个国内知名的专业内容平台，通过关键字检索问题，捕获相关问题的
数据包。如图 8-4 所示，使用浏览器的手机模拟器功能访问手机 Web 页面。

图 8-4

在搜索框中输入"python"进行检索，如图 8-5 所示。

图 8-5

如图 8-6 所示，在开发者模式页面中捕获到搜索结果的数据包，从 Headers（表头）中获取目标 URL（Request URL）及请求头（Request Headers），虽然请求方式是 GET，但由于该内容平台有防爬虫机制，因此需要发送 Cookie 等信息给服务器。

图 8-6

在 Preview（预览）中可以查看返回数据的结构，以便于后续可以针对性地提取数据，如图 8-7 所示。

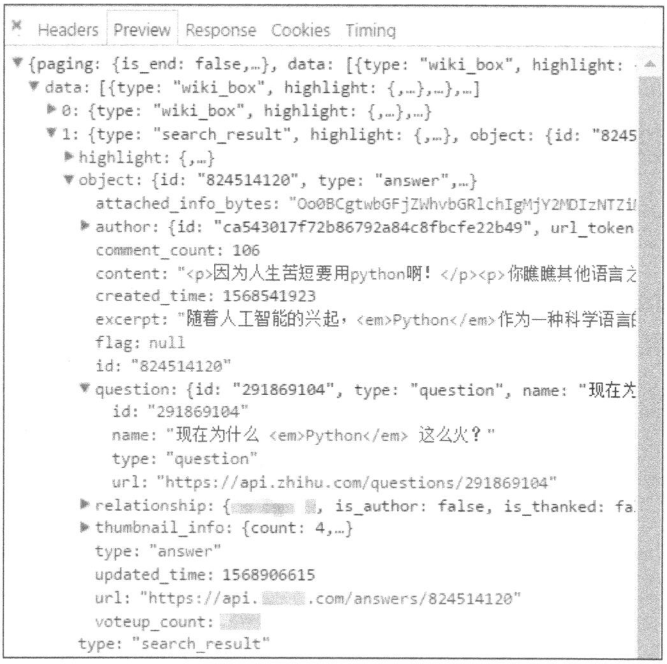

图 8-7

8.2.2　采集代码

```python
import requests
import time

#设置请求头
request_headers = {
        'cookie': 'cookie 参数',
        'referer':'https://www.*****.com/search?type=content&q=%E6%80%9D%E7%
BB%B4%E6%A8%A1%E5%BC%8F',
        'user-agent': 'Mozilla/5.0 (Windows NT 10.0; Win64; x64)
AppleWebKit/537.36 (KHTML, like Gecko) Chrome/67.0.3396.99 Safari/537.36',
        'x-ab-param': 'x-ab-param 参数'
}
for i in range(0,10):
    #循环采集 10 页数据
    #页码由 offset 参数控制，算法是当前页码*10
    url="https://www.*****.com/api/v4/search_v3?t=general&q=python&
correction=1& offset={}&limit=20&lc_idx=0&show_all_topics=0".format(i*10)
    #由于数据是 JSON 结构的，因此用.json()方法将数据转换成 JSON 对象
    response_data = requests.get(url, headers=request_headers).test
    print(response_data)
```

```
#每次访问服务器后等待 2 秒钟，避免访问过于频繁
time.sleep(2)
```

8.3　采集招聘平台数据

8.3.1　采集目标

某招聘平台是一个互联网招聘平台，通过关键字检索采集岗位信息。如图 8-8 所示，该平台必须注册账号后才可以查看岗位信息。

图 8-8

登录该招聘平台后搜索"python"关键词可以查看相关推荐岗位，如图 8-9 所示。

图 8-9

使用浏览器的开发者模式捕获推荐岗位的数据包，在 Preview 中可以确认数据包及数据所在路径，如图 8-10 所示。

图 8-10

在 Headers 中可获知该数据包使用的是 POST 请求方式，并获取目标 URL（Request URL）、请求头（Request Headers）、请求正文（From Data）等重要信息，如图 8-11 所示。

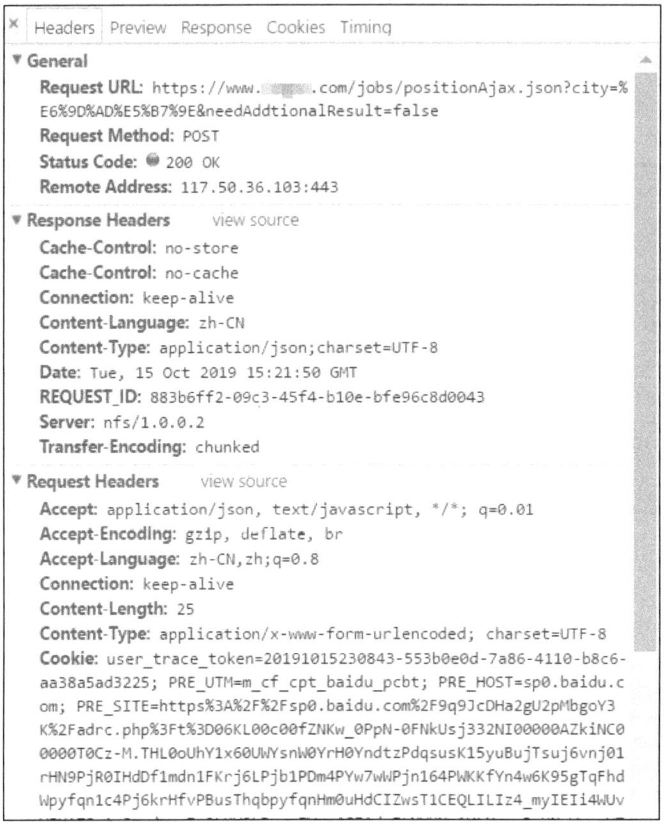

图 8-11

8.3.2 采集代码

```
import requests
import time
#设置请求头
headers={
    'User-Agent': 'Mozilla/5.0 (Windows NT 6.1; WOW64)'
               ' AppleWebKit/537.36 (KHTML, like Gecko)'
               ' Chrome/55.0.2883.87 Safari/537.36',
    'Accept':'ext/html,application/xhtml+xml,application/xml;q=0.9,
image/webp,*/*; q=0.8',
    'Accept-Encoding':'gzip, deflate, sdch, br',
    'Accept-Language':'zh-CN,zh;q=0.8',
    'Cache-Control':'max-age=0',
    'Connection':'keep-alive',
}
#设置 cookies
```

```
cookies = {
    'Cookie': 'Cookie 参数',
}
#循环采集 10 页数据
for i in range(0,10):
    data = {
        'first': False,
        'pn': i, #控制页码的参数
        'kd': 'python',
    }
url = 'https://www.*****.com/jobs/positionAjax.json?needAddtionalResult=
false'
response_data = requests.post(url=url, cookies=cookie, headers=headers,
data= data ) .test
    #设置编码为 UTF-8，如果没有出现乱码，则不需要设置
response_data.encoding = 'utf-8'
print(response_data)
#每次访问服务器后等待 2 秒钟，避免访问过于频繁。
time.sleep(2)
```

8.4　采集知识付费平台数据

8.4.1　采集目标

某微课平台是一家知识付费平台，通过检索关键字采集课程信息。如图 8-12 所示，该平台要求扫码登录后方可浏览平台课程。

图 8-12

登录该平台后在上方找到搜索框，输入关键词进行搜索，如"英语"，如图 8-13 和图 8-14 所示。

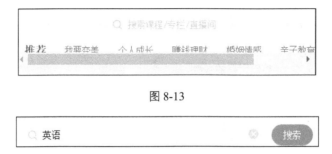

图 8-13

图 8-14

搜索后可以看到直播间、专栏和课程板块，由于目标是采集课程信息，因此直播间和专栏板块可以先忽略，如图 8-15 所示。

图 8-15

通过浏览器的开发者模式捕获到数据包，通过 Headers 可以获知请求方式是 GET 方式，并获取到目标 URL（Request RUL）、请求头（Request Headers）等重要信息，如图 8-16 所示。

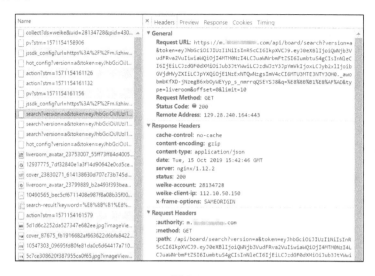

图 8-16

在 Preview 中可以观察数据结构、了解数据路径，之后可以从资料中提取目标数据，如图 8-17 所示。

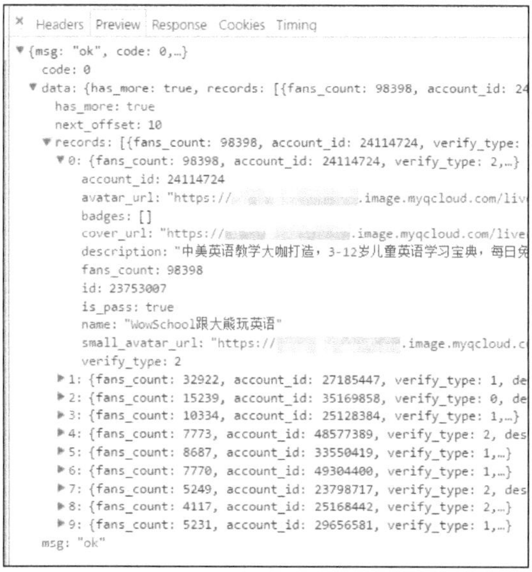

图 8-17

8.4.2 采集代码

```
import requests
import time
#设置请求头
headers={
'accept':'application/json, text/plain, */*',
'cookie':'cookie 参数',
'referer':'https://m.**********.com/indexpage/search-result?keyword=
%E8%8B%B1%E8%AF%AD',
'user-agent':'Mozilla/5.0 (Windows NT 10.0; Win64; x64) AppleWebKit/537.36
(KHTML, like Gecko) Chrome/63.0.3239.108 Safari/537.36'
}
#通过 for 循环采集多页数据
for i in range(0,10):
    url='https://m.**********.com/api/board/search?version=a&token=
eyJhbGciOiJIUzI1NiIsInR5cCI6IkpXVCJ9.eyJ0eXBlIjoiQWNjb3VudFRva2VuIiwiaW
QiOjI4MTM0NzI4LCJuaWNrbmFtZSI6IumbtuS4gCIsInNleCI6IjEiLCJzdGF0dXMiOiJub
3JtYWwiLCJzdWJzY3JpYmVkIjoxLCJyb2xlIjoibGVjdHVyZXIiLCJpYXQiOjE1NzExNTAw
NzgsImV4cCI6MTU3MTE3NTY3OH0._awobmbKfXD-jNzegB6xbOyWEYyp_s_nmrrqQSEYSJ8&q=%
E8%8B%B1%  E8%AF%AD&type=liveroom&offset={}&limit=10'.format(i*10)#通过控
制 URL 中的 offset 参数实现翻页效果，offset 参数算法为页码*10
    print(requests.get(url,headers=headers).text)
    #每次访问服务器后等待 2 秒钟，避免访问过于频繁
    time.sleep(2)
```

第 **9** 章

数据库连接和查询

9.1 使用 PyMySQL

SQL，即结构化查询语言（Structured Query Language），它是一种功能齐全的数据库语言。

9.1.1 连接数据库

下面对 PyMySQL 库进行简要说明。

pymysql.Connect()参数说明如下。

- host(str)：MySQL 服务器地址。
- port(int)：MySQL 服务器端口号。
- user(str)：用户名。
- passwd(str)：密码。
- db(str)：数据库名称。
- charset(str)：连接编码。

连接代码如下。

加载库：import pymysql。

```
import pymysql

db = pymysql.Connect(
    host="localhost",
    port=3306,
    user="root",
    password="12345",
    db="******",
    charset="utf8"
)
```

基础操作：增加、删除、修改、查询。

首先介绍 connection 对象和 cursor 对象支持的方法。

connection 对象支持的方法如下。

- cursor()：使用该连接创建并返回游标。
- commit()：提交当前事务。
- rollback()：回滚当前事务。
- close()：关闭连接。

cursor 对象支持的方法如下。

- execute(op)：执行一个数据库的查询命令。
- fetchone()：取得结果集的下一行。
- fetchmany(size)：获取结果集的下几行。
- fetchall()：获取结果集中的所有行。
- rowcount()：返回数据条数或影响行数。
- close()：关闭游标对象。

（1）向数据库中增加数据。

SQL 语法：

```
insert into table_name (column1, column2,...,columnN) values(value1,
value2,...,valueN)
```

Python 语法：

```
op = "insert into table_name (column1, column2,...,columnN)
values(value1,value2,...,valueN)"
cursor.execute(op)
```

（2）删除数据库中的数据。

SQL 语法：

```
delete from table_name where condition_statement
```

Python 语法：

```
op = "delete from table_name where condition_statement"
cursor.execute(op)
```

（3）修改数据库中的数据。

SQL 语法：

```
update table_name set column1= value1, column2=value2,...,columnN=
valueN where condition_statement
```

Python 语法：

```
op = "update table_name set column1=value1,column2= value2,...,
columnN=valueN where condition_statement"
cursor.execute(op)
```

（4）查询数据库中的数据。

SQL 语法：

```
select * from table_name where condition_statement
```

Python 语法：

```
op = "select * from table_name where condition_statement"
cursor.execute(op)
```

9.1.2　案例：某电商网站女装行业 TOP100 销量数据

（1）首先用 Navicat for MySQL 导入向导把 sale_data.txt 导入数据库，导入结果如图 9-1
所示。

图 9-1

修改表设计，把 ID 改为自动递增，如图 9-2 所示。

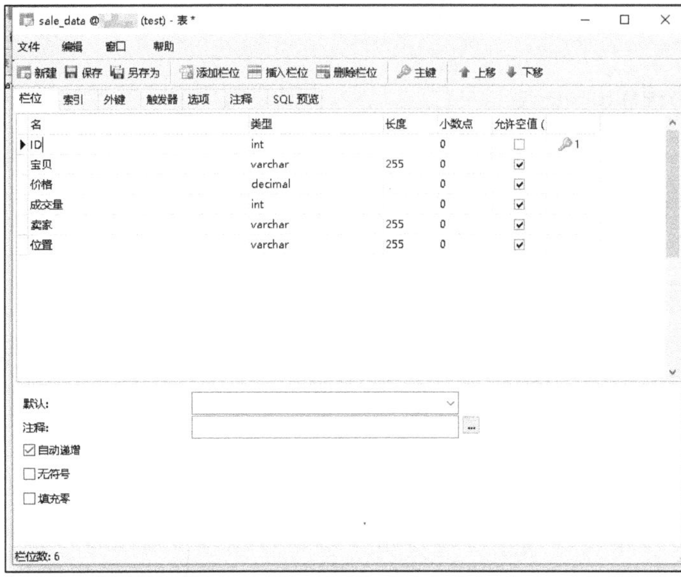

图 9-2

（2）连接数据库，代码如下。

```
import pymysql

db = pymysql.Connect(
    host="localhost",
    port=3306,
    user="root",
    password="12345",
    db="******",
    charset="utf8"
)
```

（3）查询位置为江苏、浙江、上海的商品销量，代码如下。

```
# 获取游标
cur = db.cursor()

# 执行 SQL 语句，进行查询操作
sql = 'SELECT * FROM sale_data WHERE 位置 IN (%s,%s,%s)'
cur.execute(sql, ("江苏", "浙江","上海"))

# 获取查询结果
result = cur.fetchall()
```

```
for item in result:
    print(result)
```

（4）删除价格低于 100 元的商品记录，代码如下。

```
# 执行 SQL 语句，进行删除操作
sql = 'DELETE FROM sale_data WHERE 价格 < 100'
cur.execute(sql)

# 没有设置默认自动提交，需要主动提交，以保存所执行的语句
db.commit()
```

（5）把位置"江苏""浙江""上海"统一改为"江浙沪"，代码如下。

```
# 执行 SQL 语句，进行修改操作
sql = 'UPDATE sale_data SET 位置 = %s WHERE 位置 IN (%s,%s,%s)'
cur.execute(sql, ("江浙沪","江苏","浙江","上海"))

# 没有设置默认自动提交，需要主动提交，以保存所执行的语句
db.commit()
```

（6）插入一条新的销售记录，代码如下。

```
# 执行 SQL 语句，进行插入操作
sql = 'INSERT INTO sale_data(商品,价格,成交量,卖家,位置)
VALUES(%s, %s,%s,%s,%s)'
    cur.execute(sql, ("2017 夏季妈妈装 40-50 岁中老年女装连衣裙
",298,10000,"XXX 天猫旗舰店","北京"))

# 没有设置默认自动提交，需要主动提交，以保存所执行的语句
db.commit()
```

（7）关闭游标和数据库连接，代码如下。

```
cur.close()
db.close()
```

9.2　使用 SQLAlchemy

9.2.1　SQLAlchemy 基本介绍

SQLAlchemy 是 Python 用来操作数据库的一个库，该库提供了 SQL 工具包及对象关系映射（ORM）工具。数据库中的记录用 Python 的数据结构来表现，可以看作一个列表，每条记录是列表中的一个元组，如产品信息表中包含列名"ID"、"name"和"type"，如下所示。

```
[
("19558276","北京 5 天 4 晚自由行 含双早 入住前门商业街豪华酒店 含双人故宫电子门
票","景+酒")
("20235858","北京 3 日自由行(5 钻)·昆仑饭店 三里屯商圈 周末低价 不含交通","本
地游")
("20373502","北京+古北水镇 3 日自由行·国都大饭店+5 星古北之光 ［含水镇门票+温
泉]","本地游")
]
```

但是仅通过一个元组很难看出表的结构，如果把一个元组用一个类（class）来表示，则很容易看出表的结构，代码如下。

```
class Product (object):
    def __init__(self,ID, name, type):
        self.ID = ID
        self.name = name
        self.class_name = type

[
Product("19558276","北京 5 天 4 晚自由行 含双早 入住前门商业街豪华酒店 含双人故
宫电子门票","景+酒"),
Product ("20235858","北京 3 日自由行(5 钻)·昆仑饭店 三里屯商圈 周末低价 不含
交通","本地游"),
Product ("20373502","北京+古北水镇 3 日自由行·国都大饭店+5 星古北之光 ［含水
镇门票+温泉]","本地游")
]
```

这就是 ORM（Object-Relational Mapping）技术，该技术把关系型数据库映射到对象上。

在 Python 中，主流的 ORM 框架是 SQLAlchemy，使用前需要在 PyCharm 中安装 SQLAlchemy 库。

9.2.2 SQLAlchemy 基本语法

（1）导入 SQLAlchemy，并初始化 DBSession。

```
# 导入:
from sqlalchemy import Column, String, create_engine
from sqlalchemy.orm import sessionmaker
from sqlalchemy.ext.declarative import declarative_base
# 创建对象的基类:
Base = declarative_base()
# 定义 Product 对象:
class Product(Base):
    # 表的名称:
```

```
__tablename__ = 'Product'
# 表的结构:
ID = Column(String(20), primary_key=True)
name = Column(String(20))
class_name = Column(String(20))
# 初始化数据库连接:
engine = create_engine('mysql+pymysql://root:password@localhost:
3306/test')
# 创建 DBSession 类型
DBSession = sessionmaker(bind=engine)
```

其中 create_engine()用来初始化数据库连接。SQLAlchemy 用一个字符串表示连接信息，代码如下。

```
'数据库类型+数据库驱动名称://用户名:口令@机器地址:端口号/数据库名'
```

这时只需要根据要求替换掉这里的用户名、口令等信息即可。

（2）向数据库表中添加一行记录。

```
# 创建 session 对象:
session = DBSession()
# 创建新 Product 对象:
new_user = Product(ID='19558276', name='北京 5 天 4 晚自由行 含双早 入住前
门商业街豪华酒店 含双人故宫电子门票', type='景+酒')
# 添加到 session:
session.add(new_user)
# 提交即保存到数据库:
session.commit()
```

其中 DBSession 对象可视为当前数据库连接。

（3）在数据库表中查询数据。

```
# 创建 Query 查询,filter 是 where 条件,最后调用 one()返回唯一行,如果调用 all()
则返回所有行
student = session.query(Product).filter(Product.ID=='19558276').one()
# 打印对象的 name、class_name 属性
print('name:', student.name)
print('class_name:', student.class_name)
```

（4）在数据库表中更新数据。

```
# 查询并更新数据
session.query(Product).filter(Product.ID=='19558276').update({Product.
name:"北京 5 天 4 晚自由行, 景+酒套餐"})
# 提交即保存到数据库:
session.commit()
```

（5）从数据库表中删除数据。

```
# 查询并删除数据
session.query(Product).filter(Product.ID=='19558276').delete()
# 提交即保存到数据库:
session.commit()
# 最后关闭 session:
session.close()
```

9.3 MongoDB

9.3.1 MongoDB 基本语法

加载库：import pymongo。

必须在已经完成本地 MongoDB 服务器的安装和启动的前提下，才能继续操作。

首先进入安装路径，代码如下。

```
C:\\Users\Administrator>cd C:\\Program Files\\MongoDB\Server\3.2\bin
```

然后启动命令，代码如下。

```
C:\Users\Administrator>cd C:\Program Files\MongoDB\Server\3.2\bin
```

（1）建立连接。

```
client=pymongo.MongoClient('localhost',27017)
```

（2）新建数据库。

```
db=client["db_name"]
```

（3）新建表。

```
table=db["table_name"]
```

（4）写入数据。

```
table.insert({"key1":value1,"key2":value2})
```

（5）删除数据。

```
table.remove({"key":value})
```

（6）修改数据。

```
table.update({"key":value},{"$set":{"key1":value1,"key2":value2}})
```

（7）查询数据。

```
table.find({"key":value})
```

9.3.2 案例：在某电商网站搜索"连衣裙"的商品数据

（1）将在某电商网站搜索"连衣裙"得到的第一页商品数据抓取出来并存入 MongoDB 数据库。

```
import requests
import pymongo

client=pymongo.MongoClient('localhost',27017)
#新建数据库
database=client['******']
#新建表
search_result=database['search_result']

#爬取某电商网站商品数据
url='https://s.m.******.com/search?q=%E8%BF%9E%E8%A1%A3%E8%A3%99&se
arch=%E6%8F%90%E4%BA%A4&tab=all&sst=1&n=20&buying=buyitnow&m=api4h5&abt
est=24&wlsort=24&page=1'
strhtml=requests.get(url)
result= strhtml.json()

for item in result['listItem']:
    json_data = {
        'title':item['title'],
        'price': float(item['price']),
        'sold':int(item['sold']),
        'location': item['location']
    }
#写入数据
search_result.insert(json_data)
```

（2）查询位置为"浙江 杭州"，并且价格大于 100 元的商品数据。

```
for item in search_result.find({"location": "浙江 杭州", "price":
{'$gt':100}}):
    print (item)
```

（3）将位置"浙江 杭州"改为"浙江"。

```
search_result.update({"location": "浙江 杭州"},{"$set":{"location": "
浙江"}})
```

（4）删除销量小于 1000 件的商品数据。

```
search_result.remove({"sold": {'$lt':1000}})
```

9.4 习题

一、选择题

1. PyMySQL 中 host（str）代表（   ）。

　　A. 服务器地址　　　B.服务器端口号　　　C.用户名　　　　D.数据库名称

2. PyMySQL 中 cursor 对象支持方法有误的是（   ）。

　　A. execute()：执行数据库命令

　　B. fetchone()：获取下一行数据，第一次为首行

　　C. fetchall()：获取前 5 行数据源

　　D. fetchmany()：获取指定行数据

3. SQLAlchemy 语法错误的是（   ）。

　　A. session.add()：向数据库表中添加记录

　　B. session.query()：从数据库表中查找记录

　　C. session.query(Person).filter().all()：从数据库表中查询指定数据

　　D. session.commit()：更新数据

4. 下列关于 SQLAlchemy 的表述错误的是（   ）。

　　A. SQLAlchemy 的功能是简化 SQL 语言操作数据库的烦琐过程

　　B. SQLAlchemy 可直接操作数据库

　　C. SQLAlchemy 可对数据库进行增、删、改、查操作

　　D. 创建数据库引擎可带上 charset=utf8 参数，防止中文乱码

5. 下列关于 PyMySQL 的描述有误的是（   ）。

　　A. PyMySQL 是 Python 中操作 MySQL 的原生模块，其使用方法和 MySQL 的 SQL 语句几乎相同

　　B. PyMySQL 创建连接后，都由游标来进行与数据库的操作

　　C. 游标位置是不可控的

　　D. 从 PyMySQL 中获取的数据类型默认是字典

二、判断题

1. PyMySQL 支持数据的增加、删除、查询，而不支持修改。（　　）

2. PyMySQL 是在 Python 3.x 版本中用于连接 MySQL 服务器的一个库，在 Python 2 中则使用 MySQLdb。（　　）

3. SQLAlchemy 是 Python 的一款开源软件，提供了 SQL 工具包及对象关系映射（ORM）工具。（　　）

4. 在 SQLAlchemy 中，session 用于创建程序与数据库之间的会话。所有对象的载入和保存都需要通过 session 对象。（　　）

第 **10** 章

NumPy 数组操作

10.1 NumPy 简介

NumPy 是 Numerical Python 的简称,是高性能计算和数据分析的基础包。虽然 Python 是用于通用编程的优秀工具,具有高度可读的语法和丰富强大的数据类型(字符串、列表、集合、字典和数字等),以及非常全面的标准库,特别是 Python 列表,它是非常灵活的容器, 可以任意深度嵌套,并且可以容纳任何 Python 对象,但它并不是专门为数学和科学计算而设计的,难以有效地表示常用的数学结构 (向量和矩阵)。其语言和标准库中都没有用于多维数据集高效表示的工具、线性代数工具和一般矩阵操作工具 (实际上是所有技术计算的基本组成部分)。精通数组的思维,掌握面向数组的编程,将会为你的 Python 生涯奠定坚实的根基。其实 NumPy 本身并没有很多高级数据分析的功能,而 pandas 却能够使得数据分析变得便捷,因此很多人都选择将 pandas 作为数据分析的基础。当然, 如果仅仅是做一些基本的数据预处理,那么跳过本章,直接学习第 11 章即可。

10.2 一维数组

首先用熟悉的列表对比陌生的数组，进而初步认识什么是数组。进入 Jupyter Notebook 界面，导入 NumPy，创建一个列表和一个数组，代码如下。

```
import numpy as np
LIST = [1, 3, 5, 7]
ARR = np.array([1, 3, 5, 7])
type(ARR)
```

输出结果为 numpy.ndarray。

接下来了解列表索引与数组索引，编写代码访问列表和数组中的元素。

```
LIST[0]
```

输出结果为 1。

```
ARR[0]
```

输出结果为 1。

```
ARR[2:]
```

输出结果为 array([5, 7])。

从上述例子中可以发现，列表与数组有着相同的元素和相同的索引机制，那为什么 Python 还需要创建一个 NumPy 包？列表和数组的区别究竟是什么？列表和数组的主要区别：数组是同类的，即数组的所有元素必须具有相同的类型；而列表可以包含任意类型的元素，例如可以将上面列表中的最后一个元素更改为一个字符串。

```
LIST[-1] = 'string'
```

输出结果为[1, 3, 5, 'string']。

```
ARR[-1] = 'string'
```

而输出上述代码则会报错，报错原因是元素无效，如图 10-1 所示。

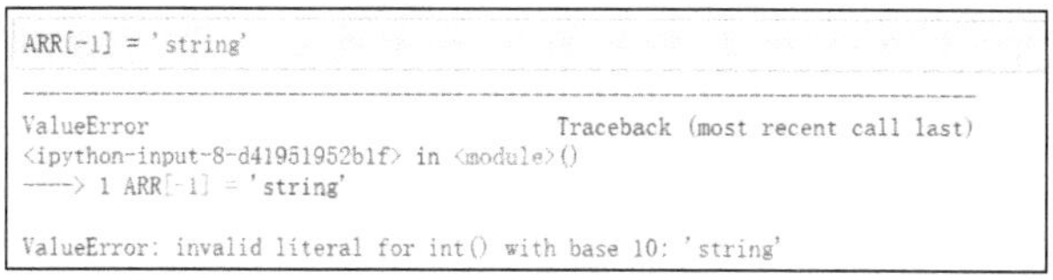

```
ARR[-1] = 'string'

-------------------------------------------------------------
ValueError                          Traceback (most recent call last)
<ipython-input-8-d41951952b1f> in <module>()
----> 1 ARR[-1] = 'string'

ValueError: invalid literal for int() with base 10: 'string'
```

图 10-1

也就是说，一旦创建了一个数组，那么它的 dtype 也就固定了，它只能存储相同类型的元素。如何确定数组内的数据类型以保证正确的数据格式？其实有关数组类型的信息均包含在数组的 dtype 属性中。接下来访问数组元素的数据类型，代码如下。

```
ARR.dtype
#输出结果为 dtype('int32')
```

上述结果显示 ARR 数组中的数据类型为整数类型。在整数类型数组中添加字符串，系统会因无法识别该数据类型而报错。那么如果存储一个浮点数类型的数据，结果会如何？事实证明，当存储一个浮点数类型的数据时，系统会自动将其转化为整数类型，代码如下。

```
ARR[-1] = 1.234
#输出结果为 array([10, 20, 30, 1])
```

10.2.2 数组的创建

在 10.2.1 节中，我们在现有的列表中创建了一个数组，接下来学习创建数组的其他方式。在创建数组的时候，通常用一个常量值（一般为 0 或 1）初始化一个数组，这个值通常作为加法和乘法循环的起始值，创建示例代码如下。

```
np.zeros(5, dtype=float)
#输出结果为 array([ 0., 0., 0., 0., 0.])。这里创建了浮点数类型的值全为 0 的数组
np.zeros(3, dtype=int)
#输出结果为 array([0, 0, 0])。这里创建了整数类型的值全为 0 的数组
np.ones(5)
#输出结果为 array([ 1., 1., 1., 1., 1.])。这里创建了值全为 1 的数组
#如果想要以任意值作为初始化的数组，那么可以创建一个空数组，然后使用 fill()方法将想要的值放入数组中，如下所示
a = np.empty(4)
#产生的值都是空值
a.fill(5.5)
#填充值为 5.5
#输出结果为 array([ 5.5, 5.5, 5.5, 5.5])
```

最后，创建常用的随机数字的数组。在 NumPy 中，np.random 模块包含许多可用于创建随机数组的函数，例如生成一个服从标准正态分布（均值为 0 和方差为 1）的 5 个随机样本数组，代码如下。

```
np.random.randn(5)
#输出结果为 array([-0.14526131, 0.47733858, 1.44428435, -2.2223782 , 1.02561916])
```

10.3　多维数组

10.2 节示例使用的是一维数组，所提到的与列表相同的索引机制也指的是一维数组。其实 NumPy 可以创建 *N* 维数组对象（ndarray），这也是 NumPy 的一个关键特性。ndarray 是一种快速并且节省空间的多维数组，它可以提供数组化的算术运算和高级的广播功能。通过使用标准的数学函数，并不需要编写循环便可以对整个数组的数据进行快速运算。除此之外，ndarray 还具备线性代数、随机数生成和傅里叶变换的能力。总而言之，ndarray 是 Python 中的一个具有计算快速、灵活等特性的大型数据集容器。当然，在 10.2 节中介绍的所有方法都可以处理多个维度。例如，可以使用列表来初始化一个二维数组。

```
LIST2 = [[1, 2], [3, 4]]
ARR2 = np.array([[1, 2], [3, 4]])
#输出结果为 array([[1, 2],
#                  [3, 4]])
```

接下来就使用二维数组来感受一下 NumPy 的强大功能。

10.3.1　多维数组的高效性能

（1）虽然可以使用[]运算符重复对嵌套列表进行索引，但多维数组支持更为自然的索引语法，只需一个[]和一组以逗号分隔的索引即可。比如，返回第一行第二列的数值，代码如下。

```
print(LIST2[0][1])
print(ARR2[0,1])
#输出结果均为 2
```

又如，返回 2 行 3 列的 array，且值全部为 0，代码如下。

```
np.zeros((2,3))
#输出结果为 array([[ 0.,  0.,  0.],
#                  [ 0.,  0.,  0.]])
```

再如，返回 2 行 4 列的 array，且值为均值为 10、标准差为 3 的正态分布的随机数，代码如下。

```
np.random.normal(10, 3, (2, 4))
#输出结果为 array([[ 11.29907857, 13.60911212,  7.10480299, 13.08482223],
#                  [ 10.68589039, 11.33541284,  6.59019336, 10.40541064]])
```

（2）实际上，只要元素的总数不变，数组的形状就可以随时改变。例如，想要一个数字从 0 增加的 2×4 数组，最简单的方法如下所示。

```
arr1 = np.arange(8)
#输出结果为 array([0, 1, 2, 3, 4, 5, 6, 7])
arr2= np.arange(8).reshape(2, 4)
#输出结果为 array([[0, 1, 2, 3],
#                   [4, 5, 6, 7]])
```

注意：NumPy 数组形状的改变，就像 Numpy 中的大多数操作一样，改变前后存在相同的记忆。这种方式极大地方便了对向量的操作。

```
arr1 = np.arange(8)
arr2 = arr.reshape(2, 4)
arr1[0] = 1000
print(arr1)
print(arr2)
#输出结果为 [1000    1   2   3   4   5   6   7]
#              [[1000   1   2   3]
#              [      4   5   6   7]]
arr3=arr.copy()
arr1[0] = 1
print(arr3)
print(arr1)
print(arr2)
#输出结果为 [1 1 2 3 4 5 6 7]
#              [1 1 2 3 4 5 6 7]
#              [[1, 1, 2, 3],
#              [4, 5, 6, 7]])
```

10.3.2　多维数组的索引与切片

多维数组仍然可以向一维数组一样使用切片，并且多维数组可以在不同维度中混合匹配切片和单个索引（本例将使用与 10.3.1 节相同的数组）。

```
print(arr2[1, 2:3])
print(arr2[:, 2])
print(arr2[1][2:3])
#输出结果为
# [6]        返回第二行第三列的值
# [2 6]      返回第三列的所有值
# [6]        返回第二行第三列的值
LIST=[[1,2,3],[4,5,6]]
[i[2] for i in LIST]
#输出结果为[3, 6]
#如果只提供一个索引，那么将得到一个包含该行的维数少的数组，如下所示
```

```
print(arr2[0])
print(arr2[1])
#输出结果
#[1 1 2 3]      返回第一行的所有值
#[4 5 6 7]      返回第二行的所有值
```

10.3.3 多维数组的属性和方法

到这里，读者已经感受到了多维数组的高效与魅力，接下来深入了解数组最有用的属性和方法。首先了解有关数组大小、形状和数据的基本信息，如下所示。

```
arr = arr2
print('Data type               :', arr.dtype)
print('Total number of elements :', arr.size)
print('Number of dimensions     :', arr.ndim)
print('Shape (dimensionality)   :', arr.shape)
print('Memory used (in bytes)   :', arr.nbytes)
```

输出结果如下。

```
Data type                : int32
Total number of elements : 8
Number of dimensions     : 2
Shape (dimensionality)   : (2, 4)
Memory used (in bytes)   : 32
```

数组还有一些其他特别有用的方法，如下所示。

```
print('Minimum and maximum              :', arr.min(), arr.max())
print('Sum and product of all elements :', arr.sum(), arr.prod())
print('Mean and standard deviation      :', arr.mean(), arr.std())
```

输出结果如下。

```
Minimum and maximum              : 1 7
Sum and product of all elements: 29 5040
Mean and standard deviation    : 3.625 2.11763429326
```

上面所述的方法，其操作区域都是在数组中的所有元素。对于多维数组，还可以通过传递轴参数，使数组沿着一个维度进行计算，如下所示。

```
print('The sum of elements along the rows is    :', arr.sum(axis=1))
print('The sum of elements along the columns is  :', arr.sum(axis=0))
arr.cumsum(axis=1)
```

输出结果如下。

```
[[1 1 2 3]
```

```
  [4 5 6 7]]
The sum of elements along the rows is     : [ 7 22]
The sum of elements along the columns is  : [ 5  6  8 10]
```

数组中另一个被广泛使用的属性是.T 属性，使用该属性将会使得数组转置，如下所示。

```
print("Array: \n", arr)
print('Transpose: \n', arr.T)
```

输出结果如下。

```
Array:
 [[1 1 2 3]
 [4 5 6 7]]
Transpose:
[[1 4]
 [1 5]
 [2 6]
 [3 7]]
```

其实数组的属性和方法有很多，在 NumPy 的文档中及网络上都可以查到相关资料。这里不再一一列举，感兴趣的读者可自行探索、学习。

10.4　数组的运算

NumPy 专为科学计算而生，本节将介绍数组的运算。数组支持所有常规的算术运算，NumPy 库中包含完整的基本数学函数，这些函数在数组的运算上发挥了很大的作用。一般来说，数组的所有操作都是以元素对应的方式实现的，即同时应用于数组的所有元素，且一一对应，如下所示。

```
arr1 = np.arange(4)
arr2 = np.arange(10, 14)
print(arr1, '+', arr2, '=', arr1+arr2)
```

输出结果如下。

```
[0 1 2 3] + [10 11 12 13] = [10 12 14 16]
```

值得注意的是，即使是乘法运算，也是默认元素对应的方式，这与线性代数的矩阵乘法不同，如下所示。

```
print(arr1, '*', arr2, '=', arr1*arr2)
```

输出结果如下。

```
print(arr1, '*', arr2, '=', arr1*arr2)
#输出结果为[0 1 2 3] * [10 11 12 13] = [ 0 11 24 39]，表示数组与数组相乘
print(1.5 * arr1)
#输出结果为array([ 0. ,  1.5,  3. ,  4.5])，表示数组与数字相乘
```

NumPy 提供了完整的数学函数，并且可以在整个数组上运行，其中包括对数、指数、三角函数和双曲三角函数等。此外，SciPy 还在 scipy.special 模块中提供了一个丰富的特殊函数库，具有贝塞尔、艾里、菲涅耳等古典特殊功能。例如，在 0 到 2π 之间的正弦函数上采集 20 个点，实现方式就像下面代码所展示的这样简单。

```
x = np.linspace(0, 2*np.pi, 20)
y = np.sin(x)
```

输出结果如下。

```
array([ 0.00000000e+00,   3.24699469e-01,   6.14212713e-01,
        8.37166478e-01,   9.69400266e-01,   9.96584493e-01,
        9.15773327e-01,   7.35723911e-01,   4.75947393e-01,
        1.64594590e-01,  -1.64594590e-01,  -4.75947393e-01,
       -7.35723911e-01,  -9.15773327e-01,  -9.96584493e-01,
       -9.69400266e-01,  -8.37166478e-01,  -6.14212713e-01,
       -3.24699469e-01,  -2.44929360e-16])
```

10.5 习题

一、选择题

1. 下述哪个选项只能查询数组元素的类型？（   ）

   A. dtype   B. type   C. class   D. kind

2. ARR=np.array([8,9,2,6]),ARR[-1]=9.9999，请问以下哪个选项为数组 ARR 的输出结果？（   ）

   A. [8 9 2 9]   B. [8 9 2 9.9999] C. [8,9,2,9]   D. [8,9,2,9.9999]

3. np.arange(12).reshape(2,6)的输出结果为（   ）。

   A. [[0 1 2 3 4 5]

   　[6 7 8 9 10 11]]

   B. [[0 2 4 6 8 10]

　　　　　　　　[1　3　5　7　9　11]]

　　　C.　[[1　2　3　4　5　6]

　　　　　　　　[7　8　9　10 11 12]]

　　　D.　[[1　3　5　7　9　11]

　　　　　　　　[2　4　6　8　10 12]]

4. np.arange(12).reshape(2,2,3)的输出结果为（　　）。

　　　A. [[[0　1　2]　　B. [[0　1　2]　　C. [[[0　2　4]　　D. [[0　2　4]

　　　　　[3　4　5]]　　　　[3　4　5]]　　　　[1　3　5]]　　　　[1　3　5]]

　　　　[[6　7　8]　　　　[[6　7　8]　　　　[[6　8　10]　　　　[[6　8　10]

　　　　[9 10 11]]]　　　　[9 10 11]]　　　　[7 9 11]]]　　　　[7 9 11]]

5. 以下哪个选项可以生成 2 行 3 列的标准差为 3、均值为 5 的正态分布数组？（　　）

　　　A.　np.array(3,5,(2,3))

　　　B.　np.array(5,3,(2,3))

　　　C.　np.random.normal(3,5,(2,3))

　　　D.　np.random.normal(5,3,(2,3))

6. arr=array([[0,1,2,3,4,5] , [6,7,8,9,10,11]])

以下哪个选项对数组 arr 的切片值中不包含数字"8"？（　　）

　　　A.　arr[:,2]

　　　B.　arr[:,3]

　　　C.　arr[1][2:3]

　　　D.　arr[1,2:3]

二、判断题

1. 列表与数组的主要区别：数组是同类的。（　　）

2. 数组中的 S 属性能使数组转置。（　　）

3. 现有 ARR 数组中的数据类型为整数类型，如果存储一个浮点数类型的数据，则系统会自动将其转化为整数类型而不报错。（　　）

三、实操题

创建一个 10×10 的数组，并且边框是 1，里面是 0，如下图所示。

```
[[1. 1. 1. 1. 1. 1. 1. 1. 1. 1.]
 [1. 0. 0. 0. 0. 0. 0. 0. 0. 1.]
 [1. 0. 0. 0. 0. 0. 0. 0. 0. 1.]
 [1. 0. 0. 0. 0. 0. 0. 0. 0. 1.]
 [1. 0. 0. 0. 0. 0. 0. 0. 0. 1.]
 [1. 0. 0. 0. 0. 0. 0. 0. 0. 1.]
 [1. 0. 0. 0. 0. 0. 0. 0. 0. 1.]
 [1. 0. 0. 0. 0. 0. 0. 0. 0. 1.]
 [1. 0. 0. 0. 0. 0. 0. 0. 0. 1.]
 [1. 1. 1. 1. 1. 1. 1. 1. 1. 1.]]
```

第**11**章

pandas 数据清洗

11.1　数据读写、选择、整理和描述

pandas 是用于数据清洗的库，安装 pandas 需要很多依赖的库，安装起来比较麻烦，建议读者使用 Anaconda，它内置了有关数据清洗和算法的库。为了避免读者安装 pandas 失败，本章以 Anaconda 作为开发环境介绍 pandas，下面介绍 pandas 的安装方法。

在 PyCharm 中安装 pandas 需要先安装 NumPy 和 python-dateutil，再安装 pandas，如图 11-1 所示。

安装好 pandas 后，可以通过开始菜单执行 Jupyter Notebook 命令，也可以通过组合键【Windows+R】调出"运行"对话框，输入"jupyter notebook"，单击"确定"按钮，如图 11-2 所示。

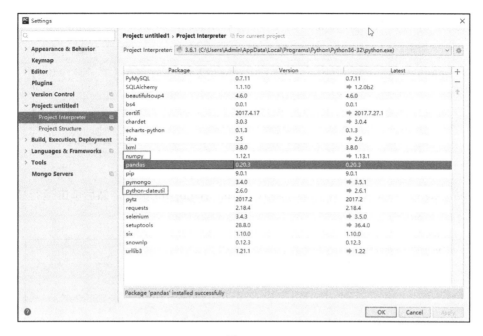

图 11-1

图 11-2

在默认浏览器中新建 Jupyter 的页面，展开右侧的"New"下拉列表，并选择"Python 3"命令，从而新建 Python 3 的文件，如图 11-3 所示。

图 11-3

在新的选项卡中新建 Python 3 的文件后，脚本编辑环境如图 11-4 所示。

图 11-4

从"Hello,World！"开始，首先输入"print('Hello,World!')"，然后单击运行按钮，如图 11-5 所示。

图 11-5

在 Anaconda 中，可以不使用 print()这类打印函数，Anaconda 会自动打印内容。

11.1.1 从 CSV 中读取数据

输入以下代码，用于读取数据。

```
import pandas as pd
# 从 CSV 中读取数据，还可以读取 HTML、TXT 等格式的文件
df= pd.read_csv("D:/******_data.csv")
```

代码运行结果如图 11-6 所示。

	商品	价格	成交量	卖家	位置
0	新款中老年女装春装雪纺打底衫妈妈装夏装中袖宽松上衣中年人T恤	99.0	16647	夏奈凤凰旗舰店	江苏
1	中老年女装清凉两件套妈妈装夏装大码短袖T恤上衣雪纺衫裙裤套装	286.0	14045	夏洛特的文艺	上海
2	母亲节衣服夏季妈妈装夏装套装短袖中年人40-50岁中老年女装T恤	298.0	13458	云新旗舰店	江苏
3	母亲节衣服中老年人春装女40岁50中年妈妈装套装夏装奶奶装两件套	279.0	13340	韶妃旗舰店	浙江
4	中老年女装春夏装裤大码 中年妇女40-50岁妈妈装夏装套装七分裤	59.0	12939	千百奈旗舰店	江苏

图 11-6

read_csv 还可以指定参数，使用方式如下。

```
df= pd.read_csv("D:/******_data.csv", delimiter=",", encoding="utf8",
header=0)
```

说明

（1）根据所读取的数据文件编码格式设置 encoding 参数，如 "utf8"、"ansi" 和 "gbk" 等编码方式。

（2）根据所读取的数据文件列之间的分隔方式设置 delimiter 参数，大于一个字符的分隔符被看作正则表达式，如一个或多个空格（\s+）、Tab 符号（\t）等。

11.1.2　向 CSV 中写入数据

```
df.to_csv("D:/******_price_data.csv",columns=[' 商 品 ',' 价 格 '],
index=False,header=True)
```

不要索引，只要列头、"商品"、"价格"三列。

说明

- index=False：将 DataFrame 保存成文件时，可以忽略索引信息。
- index=True：将 DataFrame 保存成文件时，需要同时保存索引信息（输出文件的第一列保存索引值）。

11.1.3　数据选择

1．行的选取

在 Jupyter Notebook 的 cell 中输入以下代码并执行。

```
rows = df[0:3]
rows
```

选择第 0 ~ 2 行，结果如图 11-7 所示。

	商品	价格	成交量	卖家	位置
0	新款中老年女装春装雪纺打底衫妈妈装夏装中袖宽松上衣中年人t恤	99.0	16647	夏奈凤凰旗舰店	江苏
1	中老年女装清凉两件套妈妈装夏装大码短袖T恤上衣雪纺衫裙裤套装	286.0	14045	夏洛特的文艺	上海
2	母亲节衣服夏季妈妈装夏装套装短袖中年人40-50岁中老年女装T恤	298.0	13458	云新旗舰店	江苏

图 11-7

2．列的选取

输入以下代码并执行。

```
cols = df[['商品','价格']]
cols.head()
```

选择列头、"商品"和"价格"三列，结果如图 11-8 所示。

	商品	价格
0	新款中老年女装春装雪纺打底衫妈妈装夏装中袖宽松上衣中年人恤	99.0
1	中老年女装清凉两件套妈妈装夏装大码短袖T恤上衣雪纺衫裙裤套装	286.0
2	母亲节衣服夏季妈妈装夏装套装短袖中年人40-50岁中老年女装T恤	298.0
3	母亲节衣服中老年人春装女40岁50中年妈妈装套装夏装奶奶装两件套	279.0
4	中老年女装春夏装裤大码 中年妇女40-50岁妈妈装夏装套装七分裤	59.0

图 11-8

其中 head()用于显示数据框中前 5 行数据。

3．块的选取

输入以下代码并执行。

```
df.ix[0:3,['商品','价格']]
```

选择行和列组成的数据块，结果如图 11-9 所示。

	商品	价格
0	新款中老年女装春装雪纺打底衫妈妈装夏装中袖宽松上衣中年人恤	99.0
1	中老年女装清凉两件套妈妈装夏装大码短袖T恤上衣雪纺衫裙裤套装	286.0
2	母亲节衣服夏季妈妈装夏装套装短袖中年人40-50岁中老年女装T恤	298.0
3	母亲节衣服中老年人春装女40岁50中年妈妈装套装夏装奶奶装两件套	279.0

图 11-9

注意，此处的"0：3"相当于[0,1,2,3]。

4．操作列

在已有的列中创建一个新的列，代码如下。

```
df['销售额'] = df['价格'] * df['成交量']
df.head()
```

运行结果如图 11-10 所示。

	商品	价格	成交量	卖家	位置	销售额
0	新款中老年女装春装雪纺打底衫妈妈装夏装中袖宽松上衣中年人恤	99.0	16647	夏奈凤凰旗舰店	江苏	1648053.0
1	中老年女装清凉两件套妈妈装夏装大码短袖T恤上衣雪纺衫裙裤套装	286.0	14045	夏洛特的文艺	上海	4016870.0
2	母亲节衣服夏季妈妈装夏装套裙短袖中年人40-50岁中老年女装T恤	298.0	13458	云新旗舰店	江苏	4010484.0
3	母亲节衣服中老年人春装女40岁50中年妈妈装套装夏装奶奶装两件套	279.0	13340	韶妃旗舰店	浙江	3721860.0
4	中老年女装春夏装裤大码 中年妇女40-50岁妈妈装夏装套装七分裤	59.0	12939	千百奈旗舰店	江苏	763401.0

图 11-10

5．根据条件过滤行

在方括号中加入判断条件来过滤行，条件必须返回 True 或 False，代码如下。

```
df[(df['价格']<100) & (df['成交量']>10000) ]
```

代码运行结果如图 11-11 所示。

	商品	价格	成交量	卖家	位置	销售额
0	新款中老年女装春装雪纺打底衫妈妈装夏装中袖宽松上衣中年人恤	99.0	16647	夏奈凤凰旗舰店	江苏	1648053.0
4	中老年女装春夏装裤大码 中年妇女40-50岁妈妈装夏装套装七分裤	59.0	12939	千百奈旗舰店	江苏	763401.0

图 11-11

11.1.4　数据整理

首先将数据框按照"位置"字段进行排序，输入以下代码并执行。

```
df1 = df.set_index("位置") # set_index 将某个字段设置为 index
df1 = df1.sort_index()
df1.head()
```

代码运行结果如图 11-12 所示。

	商品	价格	成交量	卖家
位置				
上海	中老年女装夏装套装加肥加大码T恤上衣妈妈装时尚短袖夏季两件套	298.0	5325	简港旗舰店
上海	中老年女装清凉两件套妈妈装夏装大码短袖T恤上衣雪纺衫裙裤套装	286.0	14045	夏洛特的文艺
上海	中老年人女装套装妈妈夏装大码奶奶装40-50岁60短袖T恤70两件套	29.0	4752	佳福妈妈商城
上海	母亲节衣服夏季中老年女装夏装套装上衣40-50岁妈妈装T恤衫两件套	198.0	7466	简港旗舰店
上海	母亲节中老年女装夏装短袖40-50岁雪纺衫大码妈妈装T恤宽上衣套装	49.0	4164	金良国际

图 11-12

然后将数据框按照"位置"和"卖家"两个字段进行排序，其中"位置"为第一个排序因子，代码如下。

```
# sortlevel(0)表示根据第一个索引 "位置" 排序
df2 = df.set_index(["位置", "卖家"]).sortlevel(0)
df2.head()
```

代码运行结果如图 11-13 所示。

位置	卖家	商品	价格	成交量
上海	xudong158	中老年女装夏装短袖t恤衫中年妇女母亲节衣服妈妈装雪纺套装上衣	99.0	4572
	佳裿妈妈商城	中老年人女装套装妈妈装夏装大码奶奶装40-50岁60短袖T恤70两件套	29.0	4752
	夏洛特的文艺	中老年女装清凉两件套妈妈装夏装大码短袖T恤上衣雪纺衫裙裤套装	286.0	14045
	妃莲慕旗舰店	母亲节衣服妈妈装夏装套装40-50岁中年两件套中老年女装短袖雪纺	138.0	6037
	妃莲慕旗舰店	母亲节衣服妈妈装夏装套装短袖中年人40-50岁中老年女装T恤两件套	128.0	4718

图 11-13

接下来将成交量按位置分组计算均值和求和。首先计算均值，代码如下。

```
df_mean  =  df.drop(["商品","卖家"],  axis=1).groupby("位置").
mean().sort_values("成交量", ascending=False)
    df_sum  =  df.drop(["商品","卖家"],  axis=1).groupby("位置").
sum().sort_values("成交量", ascending=False)
    # drop （默认axis=0）删掉行，axis=1 删掉列
    # groupby 汇总
    # sort_values 排序
    df_mean
```

代码运行结果如图 11-14 所示。

将上述代码中的 df_mean 换成 df_sum，代码运行结果如图 11-15 所示。

位置	价格	成交量
江苏	223.611364	7030.909091
上海	161.200000	6801.500000
湖北	254.714286	6182.000000
河北	152.000000	6050.666667
河南	119.000000	5986.000000
浙江	290.428571	5779.500000
广东	326.000000	5164.000000
北京	150.000000	4519.333333

图 11-14

位置	价格	成交量
江苏	9838.9	309360
浙江	8132.0	161826
上海	1612.0	68015
湖北	1783.0	43274
北京	900.0	27116
河北	456.0	18152
河南	119.0	5986
广东	326.0	5164

图 11-15

11.1.5 数据描述

为了快速了解数据的结构，需要掌握一些指令。

首先，查看表的数据信息，代码如下。

```
# 查看表的数据信息
df.info()
```

代码运行结果如图 11-16 所示。

```
<class 'pandas.core.frame.DataFrame'>
RangeIndex: 100 entries, 0 to 99
Data columns (total 6 columns):
商品       100 non-null object
价格       100 non-null float64
成交量      100 non-null int64
卖家       100 non-null object
位置       100 non-null object
销售额      100 non-null float64
dtypes: float64(2), int64(1), object(3)
memory usage: 4.8+ KB
```

图 11-16

其次，查看表的描述性统计信息，代码如下。

```
# 查看表的描述性统计信息
df.describe()
```

代码运行结果如图 11-17 所示。

	价格	成交量	销售额
count	100.000000	100.00000	1.000000e+02
mean	231.669000	6388.93000	1.470502e+06
std	130.971061	2770.07536	9.767500e+05
min	29.000000	3956.00000	1.378080e+05
25%	128.750000	4476.50000	7.560158e+05
50%	198.000000	5314.50000	1.245078e+06
75%	298.000000	7053.75000	1.883465e+06
max	698.000000	16647.00000	4.213608e+06

图 11-17

11.2 数据分组、分割、合并和变形

11.2.1 数据分组

将指定字段作为索引，汇总数据。

按"位置"进行分组，并计算"成交量"列的平均值。可以访问"成交量"列，并根

据"位置"调用 groupby，代码如下。

```
grouped = df['成交量'].groupby(df['位置'])
grouped.mean()
```

代码运行结果如图 11-18 所示。

```
位置
上海    6801.500000
北京    4519.333333
广东    5164.000000
江苏    7030.909091
河北    6050.666667
河南    5986.000000
浙江    5779.500000
湖北    6182.000000
Name: 成交量, dtype: float64
```

图 11-18

如果一次传入多个数组，就会得到按多列数值分组的统计结果，代码如下。

```
means = df['成交量'].groupby([df['位置'], df['卖家']]).mean()
means
```

代码运行结果如图 11-19 所示。

```
位置  卖家
上海  xudong158            4572.000000
    佳福妈妈商城             4752.000000
    夏洛特的文艺            14045.000000
    妃莲慕旗舰店            5377.500000
    婆家娘家商城            5304.000000
    简港旗舰店             8141.000000
    金良国际             4164.000000
北京  bobolove987         4261.000000
    hi大脚丫             4460.000000
    taylor3699          4271.000000
    wonwon942           4415.000000
    凯飞服饰1717          5209.000000
    妈妈装工厂店1988        4500.000000
广东  安静式风格             5164.000000
江苏  ceo放牛            11655.000000
    kewang5188          5348.000000
    wuweihua0809        5641.000000
    zxtvszml           12087.000000
    云新旗舰店            13458.000000
    伊秋芙旗舰店            4382.000000
    依人怡慧no1           4163.000000
    依安雅旗舰店           12664.000000
    依诗曼妮             11125.000000
    便宜才是硬道理1234        4421.000000
    千百奈旗舰店           12939.000000
    名瑾旗舰店             5506.000000
    夏奈凤凰旗舰店          16647.000000
    夕牧旗舰店            10366.000000
```

图 11-19

此外，还可以将列名用作分组。

将"位置"作为索引，按均值汇总所有的数值指标，代码如下。

```
df.groupby('位置').mean()
```

代码运行结果如图 11-20 所示。

	价格	成交量	销售额
位置			
上海	161.200000	6801.500000	1.256211e+06
北京	150.000000	4519.333333	6.846817e+05
广东	326.000000	5164.000000	1.683464e+06
江苏	223.611364	7030.909091	1.551363e+06
河北	152.000000	6050.666667	9.224000e+05
河南	119.000000	5986.000000	7.123340e+05
浙江	290.428571	5779.500000	1.650173e+06
湖北	254.714286	6182.000000	1.536022e+06

图 11-20

将"位置"和"卖家"作为索引，按均值汇总所有的数值指标，代码如下。

```
df.groupby(['位置', '卖家']).mean()
```

代码运行结果如图 11-21 所示。

		价格	成交量	销售额
位置	**卖家**			
	xudong158	99.000000	4572.000000	4.526280e+05
	佳福妈妈商城	29.000000	4752.000000	1.378080e+05
	夏洛特的文艺	286.000000	14045.000000	4.016870e+06
上海	妃莲慕旗舰店	133.000000	5377.500000	7.185050e+05
	婆家娘家商城	198.000000	5304.000000	1.050192e+06
	简港旗舰店	228.333333	8141.000000	1.754522e+06
	金良国际	49.000000	4164.000000	2.040360e+05
	bobolove987	98.000000	4261.000000	4.175780e+05
	hi大脚丫	138.000000	4460.000000	6.154800e+05

图 11-21

说明

- 在执行 df.groupby('位置').mean()时，结果中没有"卖家"列。这是因为 df['卖家']不是数值，所以从结果中排除了。在默认情况下，所有数值列都会被聚合。
- groupby 的 size()方法可以返回一个含有各分组大小的 Series，代码如下。

```
df.groupby(['位置', '卖家']).size()
```

代码运行结果如图 11-22 所示。

```
位置  卖家
上海  xudong158          1
      佳福妈妈商城        1
      夏洛特的文艺        1
      妃莲慕旗舰店        2
      婆家娘家商城        1
      简港旗舰店          3
      金良国际            1
北京  bobolove987        1
      hi大脚丫            1
      taylor3699         1
      wonwon942          1
      凯飞服饰1717        1
      妈妈装工厂店1988     1
广东  安静式风格          1
江苏  ceo放牛             1
      kewang5188         1
      wuweihua0809       1
      zxtvszml           1
      云新旗舰店          1
      伊秋芙旗舰店        1
      依人怡慧no1         1
      依安雅旗舰店        1
      依诗曼妮            1
      便宜才是硬道理1234   1
      千百奈旗舰店        1
```

图 11-22

11.2.2 数据分割

进行数据分割的代码如下。

```
df1=df[30:40][['位置','卖家']]
#df1 中包含 df 的第 30~39 行数据，只保留“位置”“卖家”两列
df2=df[80:90][['卖家','销售额']]
#df2 中包含 df 的第 80~89 行数据，只保留“卖家”“销售额”两列
df1
```

代码运行结果如图 11-23 所示。

	位置	卖家
30	江苏	蒲洛妃旗舰店
31	江苏	悦薇孔雀旗舰店
32	江苏	摩尼树旗舰店
33	江苏	梵忆轩旗舰店
34	河北	loueddssd倍艾旗舰店
35	江苏	蒲洛妃旗舰店
36	上海	妃莲慕旗舰店
37	河南	z昊铭么么哒666
38	浙江	发财花旗舰店
39	浙江	香颜旗舰店

图 11-23

如果将上述代码中的 df1 换成 df2，则代码运行结果如图 11-24 所示。

	卖家	销售额
80	芭蒂卡旗舰店	829350.0
81	江苏妈妈装厂家直销	384120.0
82	香颜旗舰店	1363224.0
83	艾尔梦艺娜旗舰店	555861.0
84	金星靓雅服装店	495900.0
85	taylor3699	427100.0
86	bobolove987	417578.0
87	香颜旗舰店	1070748.0
88	金良国际	204036.0
89	依人怡慧no1	449604.0

图 11-24

11.2.3　数据合并

pandas 有一些内置的合并数据集的方法，如下所示。

- pandas.merge()：根据一个或多个键将多个 DataFrame 连接起来，类似数据库连接。
- pandas.concat()：可以沿着一个轴将多个对象堆叠起来。
- combine_first()：可以将重复数据编制在一起，用于填充另一个对象的缺失值。

1. 数据库风格的 DataFrame 合并

数据库合并（merge）或连接（join）用一个或多个键将行连接起来，代码如下。

```
pd.merge(df1, df2)              #不指定列名，默认会选择列名相同的"卖家"列
pd.merge(df1, df2, on='卖家')   # 指定列名，结果同上
```

代码运行结果如图 11-25 所示。

	位置	卖家	销售额
0	浙江	香颜旗舰店	1363224.0
1	浙江	香颜旗舰店	1070748.0

图 11-25

这里，merge()方法默认使用 inner 连接（内连接），通过 how 参数可以指定连接方法。下面通过 how 参数将默认连接修改为 outer 连接（外连接），代码如下。

```
pd.merge(df1,df2,how='outer')
```

代码运行结果如图 11-26 所示。

	位置	卖家	销售额
0	江苏	蒲洛妃旗舰店	NaN
1	江苏	蒲洛妃旗舰店	NaN
2	江苏	悦薇孔雀旗舰店	NaN
3	江苏	摩尼树旗舰店	NaN
4	江苏	梵忆轩旗舰店	NaN
5	河北	loueddssd倍艾旗舰店	NaN
6	上海	妃莲慕旗舰店	NaN
7	河南	z昊铭么么哒666	NaN
8	浙江	发财花旗舰店	NaN
9	浙江	香颜旗舰店	1363224.0
10	浙江	香颜旗舰店	1070748.0
11	NaN	芭蒂卡旗舰店	829350.0
12	NaN	江苏妈妈装厂家直销	384120.0
13	NaN	艾尔梦艺娜旗舰店	555861.0
14	NaN	金星靓雅服装店	495900.0
15	NaN	taylor3699	427100.0
16	NaN	bobolove987	417578.0
17	NaN	金良国际	204036.0
18	NaN	依人怡慧no1	449604.0

图 11-26

通过 how 参数将默认连接修改为左连接，代码如下。

```
pd.merge(df1,df2,how='left')
```

代码运行结果如图 11-27 所示。

	位置	卖家	销售额
0	江苏	蒲洛妃旗舰店	NaN
1	江苏	悦薇孔雀旗舰店	NaN
2	江苏	摩尼树旗舰店	NaN
3	江苏	梵忆轩旗舰店	NaN
4	河北	loueddssd倍艾旗舰店	NaN
5	江苏	蒲洛妃旗舰店	NaN
6	上海	妃莲慕旗舰店	NaN
7	河南	z昊铭么么哒666	NaN
8	浙江	发财花旗舰店	NaN
9	浙江	香颜旗舰店	1363224.0
10	浙江	香颜旗舰店	1070748.0

图 11-27

通过 how 参数将默认连接修改为右连接，代码如下。

```
pd.merge(df1,df2,how='right',on='卖家')
```

代码运行结果如图 11-28 所示。

	位置	卖家	销售额
0	浙江	香颜旗舰店	1363224.0
1	浙江	香颜旗舰店	1070748.0
2	NaN	芭蒂卡旗舰店	829350.0
3	NaN	江苏妈妈装厂家直销	384120.0
4	NaN	艾尔梦艺娜旗舰店	555861.0
5	NaN	金星靓雅服装店	495900.0
6	NaN	taylor3699	427100.0
7	NaN	bobolove987	417578.0
8	NaN	金良国际	204036.0
9	NaN	依人怡慧no1	449604.0

图 11-28

2. 索引上的合并

传入 left_index=True 或 right_index=True，可以将索引作为连接键使用，代码如下。

```
df1=df[:10][['位置','卖家']]
df2=df[:10][['价格','成交量']]
df1
```

代码运行结果如图 11-29 所示。

	位置	卖家
0	江苏	夏奈凤凰旗舰店
1	上海	夏洛特的文艺
2	江苏	云新旗舰店
3	浙江	韶妃旗舰店
4	江苏	千百亲旗舰店
5	江苏	侬安雅旗舰店
6	湖北	千百萌旗舰店
7	江苏	zxtvszml
8	江苏	ceo放牛
9	上海	简港旗舰店

图 11-29

如果将上述代码中的 df1 换成 df2，则代码运行结果如图 11-30 所示。

	价格	成交量
0	99.0	16647
1	286.0	14045
2	298.0	13458
3	279.0	13340
4	59.0	12939
5	198.0	12664
6	199.0	12398
7	288.0	12087
8	298.0	11655
9	189.0	11632

图 11-30

将 DataFrame 的 index 作为连接键，代码如下。

```
pd.merge(df1, df2, left_index=True, right_index=True)
```

代码运行结果如图 11-31 所示。

	位置	卖家	价格	成交量
0	江苏	夏奈凤凰旗舰店	99.0	16647
1	上海	夏洛特的文艺	286.0	14045
2	江苏	云新旗舰店	298.0	13458
3	浙江	韶妃旗舰店	279.0	13340
4	江苏	千百奈旗舰店	59.0	12939
5	江苏	依安雅旗舰店	198.0	12664
6	湖北	千百萌旗舰店	199.0	12398
7	江苏	zxtvszml	288.0	12087
8	江苏	ceo放牛	298.0	11655
9	上海	简港旗舰店	189.0	11632

图 11-31

DataFrame 还有 join()方法，可以更好地合并索引，代码如下。

```
df1.join(df2)
#效果同 pd.merge(df1, df2, left_index=True, right_index=True)
```

代码运行结果如图 11-32 所示。

	位置	卖家	价格	成交量
0	江苏	夏奈凤凰旗舰店	99.0	16647
1	上海	夏洛特的文艺	286.0	14045
2	江苏	云新旗舰店	298.0	13458
3	浙江	韶妃旗舰店	279.0	13340
4	江苏	千百奈旗舰店	59.0	12939
5	江苏	依安雅旗舰店	198.0	12664
6	湖北	千百萌旗舰店	199.0	12398
7	江苏	zxtvszml	288.0	12087
8	江苏	ceo放牛	298.0	11655
9	上海	简港旗舰店	189.0	11632

图 11-32

3. 轴向连接

这是另一种连接，也被称为连接、绑定或堆叠，代码如下。

```
s1=df[:5]['商品']
s2=df[5:10]['商品']
s3=df[10:15]['商品']
pd.concat([s1,s2,s3])
```

代码运行结果如图 11-33 所示。

```
0        新款中老年女装春装夏装雪纺打底衫妈妈装夏装中袖宽松上衣中年人t恤
1        中老年女装清凉两件套妈妈装夏装大码短袖T恤上衣雪纺衫裙裤套装
2        母亲节衣服夏季妈妈装夏装套装短袖中年人40-50岁中老年女装T恤
3        母亲节衣服中老年人春装女40岁50中年妈妈装套装夏装奶奶装两件套
4        中老年女装春夏装大码 中年妇女40-50岁妈妈装夏装套装七分裤
5        中老年女装夏装短袖T恤40-50岁中年春装30打底衫妈妈装母亲节衣服
6        妈妈装春夏装T恤宽松雪纺衬衫40-50岁中老年女装大码中袖上衣套装
7        中老年女装夏季T恤雪纺衫妈妈装夏装套装短袖中年妇女40-50岁t恤
8        妈妈夏装两件套母亲节衣服老人上衣60-70岁人夏季中老年女装套装
9        中老年女装夏装套装圆领上衣裤子夏季中年妈妈装短袖T恤两件套
10       母亲节衣服夏季中年女装春装套装40-50岁妈妈装外套中老年人上衣
11       母亲节衣服中老年人女装奶奶短袖两件套中年40岁胖妈妈装夏装套装
12       母亲节中老年女装短袖t恤40-50岁中年妈妈装夏装套装上衣两件套
13       母亲节中老年女装短袖t恤40-50岁中年妈妈装夏装雪纺两件套装
14       中老年女装春装真两件套长袖针织开衫外套妈妈装夏装短袖T恤上衣
Name: 商品, dtype: object
```

图 11-33

输入以下代码：

```
s1=df[:5]['商品']
s2=df[:5]['价格']
s3=df[:5]['成交量']
pd.concat([s1,s2,s3],axis=1)  # 做一个 DataFrame 出来
```

代码运行结果如图 11-34 所示。

	商品	价格	成交量
0	新款中老年女装春装雪纺打底衫妈妈装夏装中袖宽松上衣中年人t恤	99.0	16647
1	中老年女装清凉两件套妈妈装夏装大码短袖T恤上衣雪纺衫裙裤套装	286.0	14045
2	母亲节衣服夏季妈妈装夏装套装短袖中年人40-50岁中老年女装T恤	298.0	13458
3	母亲节衣服中老年人春装女40岁50中年妈妈装套装夏装奶奶装两件套	279.0	13340
4	中老年女装春夏装裤大码 中年妇女40-50岁妈妈装夏装套装七分裤	59.0	12939

图 11-34

同样的逻辑，对 DataFrame 也是一样的，代码如下。

```
df1=df[:5][['位置','卖家']]
df2=df[:5][['价格','成交量']]
pd.concat([df1,df2])
```

代码运行结果如图 11-35 所示。

	价格	位置	卖家	成交量
0	NaN	江苏	夏奈凤凰旗舰店	NaN
1	NaN	上海	夏洛特的文艺	NaN
2	NaN	江苏	云新旗舰店	NaN
3	NaN	浙江	韶妃旗舰店	NaN
4	NaN	江苏	千百奈旗舰店	NaN
0	99.0	NaN	NaN	16647.0
1	286.0	NaN	NaN	14045.0
2	298.0	NaN	NaN	13458.0
3	279.0	NaN	NaN	13340.0
4	59.0	NaN	NaN	12939.0

图 11-35

然后输入以下代码：

```
pd.concat([df1,df2],axis=1)
```

代码运行结果如图 11-36 所示。

	位置	卖家	价格	成交量
0	江苏	夏奈凤凰旗舰店	99.0	16647
1	上海	夏洛特的文艺	286.0	14045
2	江苏	云新旗舰店	298.0	13458
3	浙江	韶妃旗舰店	279.0	13340
4	江苏	千百奈旗舰店	59.0	12939

图 11-36

11.2.4 数据变形

1. 重塑层次化索引

针对 DataFrame，有 stack()函数和 unstack()函数。stack()函数将数据的列"旋转"为行，unstack()函数反之。

首先输入以下代码：

```
data= pd.read_csv("D:/hz_weather.csv")
data.head()
```

代码运行结果如图 11-37 所示。

	日期	最高气温	最低气温	天气	风向	风力
0	2017-01-01	17	7	晴	西北风	2级
1	2017-01-02	16	8	多云	东北风	2级
2	2017-01-03	15	8	多云	东北风	1级
3	2017-01-04	15	11	小雨	西北风	2级
4	2017-01-05	13	11	小到中雨	北风	2级

图 11-37

其次输入以下代码：

```
data.stack()  # 把列转化为行，即形成一个层次化索引的 Series
```

代码运行结果如图 11-38 所示。

图 11-38

最后输入以下代码：

```
data.stack().unstack()    # 把层次化索引的 Series 转化为一个普通的 DataFrame
```

代码运行结果如图 11-39 所示。

	日期	最高气温	最低气温	天气	风向	风力
0	2017-01-01	17	7	晴	西北风	2级
1	2017-01-02	16	8	多云	东北风	2级
2	2017-01-03	15	8	多云	东北风	1级
3	2017-01-04	15	11	小雨	西北风	2级
4	2017-01-05	13	11	小到中雨	北风	2级
5	2017-01-06	12	10	小雨	东北风	1级
6	2017-01-07	11	9	中雨	北风	2级
7	2017-01-08	12	5	多云	北风	2级
8	2017-01-09	11	4	多云	东北风	2级
9	2017-01-10	9	4	多云	北风	1级
10	2017-01-11	8	5	小雨	北风	1级

图 11-39

2．数据透视表

首先输入以下代码：

```
df=data.set_index('日期')
df
```

代码运行结果如图 11-40 所示。

	最高气温	最低气温	天气	风向	风力
日期					
2017-01-01	17	7	晴	西北风	2级
2017-01-02	16	8	多云	东北风	2级
2017-01-03	15	8	多云	东北风	1级
2017-01-04	15	11	小雨	西北风	2级
2017-01-05	13	11	小到中雨	北风	2级

图 11-40

df 表中以"最高气温"作为数值域，"天气"为行、"风向"为列的数据视图代码如下。

```
df1=pd.pivot_table(df, values=['最高气温'], index=['天气'], columns=['风向'])
df1
```

代码运行结果如图 11-41 所示。

	最高气温						
风向	东北风	东南风	东风	北风	南风	西北风	西南风
天气							
中雨	11.000000	NaN	18.5	11.000000	NaN	NaN	NaN
多云	14.111111	13.75	15.0	13.333333	24.333333	21.0	18.666667
小到中雨	NaN	NaN	NaN	13.000000	NaN	NaN	NaN
小雨	13.500000	11.00	14.5	9.250000	NaN	14.0	13.000000
晴	10.250000	15.80	18.0	18.000000	19.000000	18.0	27.500000
阴	13.500000	16.00	13.0	15.600000	14.000000	11.0	NaN
阵雨	NaN	21.00	26.0	15.333333	28.000000	12.0	27.500000
雨夹雪	NaN	NaN	NaN	7.000000	NaN	NaN	NaN

图 11-41

然后输入以下代码：

```
df1.info()
```

代码运行结果如图 11-42 所示。

```
<class 'pandas.core.frame.DataFrame'>
Index: 8 entries, 中雨 to 雨夹雪
Data columns (total 7 columns):
(最高气温，东北风)    5 non-null float64
(最高气温，东南风)    5 non-null float64
(最高气温，东风)     6 non-null float64
(最高气温，北风)     8 non-null float64
(最高气温，南风)     4 non-null float64
(最高气温，西北风)    5 non-null float64
(最高气温，西南风)    4 non-null float64
dtypes: float64(7)
memory usage: 512.0+ bytes
```

图 11-42

11.2.5　案例：旅游数据的分析与变形

接下来展示某旅游网站自由行路线数据的分组、分割、合并与变形，具体步骤如下。

首先输入以下代码：

```
# 读取自由行路线数据表
import pandas as pd
df = pd.read_csv("D:/qunar_free_trip.csv")
df.head()
```

代码运行结果如图 11-43 所示。

	出发地	目的地	价格	节省	路线名	酒店	房间	去程航司	去程方式	去程时间	回程航司	回程方式	回程时间
0	北京	厦门	1866	492	北京-厦门3天2晚｜入住厦门温特雅酒店＋联合航空/首都航空往返机票	厦门温特雅酒店 舒适型 3.9分/5分	标准房(大床)(预付) 大床 不含早 1间2晚	联合航空 KN5927	直飞	16:55-19:45	首都航空 JD5376	直飞	22:15-01:15
1	北京	厦门	2030	492	北京-厦门3天2晚｜入住厦门华美达长升大酒店＋联合航空/首都航空往返机票	厦门华美达长升大酒店 4.1分/5分	标准房(错峰出游) 大/双床 双早 1间2晚	联合航空 KN5927	直飞	16:55-19:45	首都航空 JD5376	直飞	22:15-01:15
2	北京	厦门	2139	533	北京-厦门3天2晚｜入住厦门毕思特酒店＋联合航空/首都航空往返机票	厦门毕思特酒店 高档型 4.4分/5分	标准大床房(特惠)[双...大床 双早 1间2晚	联合航空 KN5927	直飞	16:55-19:45	首都航空 JD5376	直飞	22:15-01:15
3	北京	厦门	2141	502	北京-厦门3天2晚｜入住厦门翔鹭国际大酒店＋联合航空/首都航空往返机票	厦门翔鹭国际大酒店 豪华型 4.4分/5分	高级大床房(含单早) 其他 单床 1间2晚	联合航空 KN5927	直飞	16:55-19:45	首都航空 JD5376	直飞	22:15-01:15
4	北京	厦门	2159	524	北京-厦门3天2晚｜入住厦门京闽中心酒店＋联合航空/首都航空往返机票	厦门京闽中心酒店 4.5分/5分	高级房(双床)(新春特...双床 双早 1间2晚	联合航空 KN5927	直飞	16:55-19:45	首都航空 JD5376	直飞	22:15-01:15

图 11-43

然后输入以下代码：

```
# 按出发地、目的地分组查看价格均值
df["价格"].groupby([df["出发地"],df["目的地"]]).mean()
```

代码运行结果如图 11-44 所示。

图 11-44

接下来输入以下代码：

```
# 读取各个路线的页码总数
df_ = pd.read_csv("D:/qunar_route_cnt.csv")
df_.head()
```

代码运行结果如图 11-45 所示。

	出发地	目的地	路线页数
0	北京	厦门	359
1	北京	青岛	471
2	北京	杭州	1228
3	北京	丽江	1160
4	北京	九寨沟	168

图 11-45

接下来输入以下代码：

```
# 按出发地、目的地分组生成价格均值汇总表
df1 = df.groupby([df["出发地"],df["目的地"]], as_index=False).mean()
df1
```

代码运行结果如图 11-46 所示。

	出发地	目的地	价格	节省
0	上海	三亚	1627.350000	444.390000
1	上海	丽江	1981.490000	569.380000
2	上海	乌鲁木齐	3223.760000	711.800000
3	上海	九寨沟	1893.712500	492.425000
4	上海	北京	1317.090000	344.650000
5	上海	厦门	1322.670000	339.510000
6	上海	呼和浩特	1561.230000	432.320000
7	上海	哈尔滨	1352.990000	357.960000
8	上海	大连	1258.300000	351.340000
9	上海	太原	1412.790000	433.600000
10	上海	张家界	2203.230000	539.200000
11	上海	桂林	1325.830000	351.800000
12	上海	武汉	1136.220000	335.930000
13	上海	沈阳	1455.610000	387.260000
14	上海	神农架	1264.580000	352.280000

图 11-46

接下来输入以下代码：

```
# 将价格均值汇总表和路线总数表合并
pd.merge(df1,df_).head(10)
```

代码运行结果如图 11-47 所示。

	出发地	目的地	价格	节省	路线页数
0	上海	三亚	1627.3500	444.390	397
1	上海	丽江	1981.4900	569.380	1159
2	上海	乌鲁木齐	3223.7600	711.800	136
3	上海	九寨沟	1893.7125	492.425	168
4	上海	北京	1317.0900	344.650	1444
5	上海	厦门	1322.6700	339.510	357
6	上海	呼和浩特	1561.2300	432.320	125
7	上海	哈尔滨	1352.9900	357.960	285
8	上海	大连	1258.3000	351.340	242
9	上海	太原	1412.7900	433.600	212

图 11-47

接下来输入以下代码：

```
# 查看出发地 vs 目的地 vs 平均价格的数据透视表
df2 = pd.pivot_table(df,values=["价格"],index=["出发地"],columns=["目的地"])
df2.head(8)
```

代码运行结果如图 11-48 所示。

	价格																
目的地 出发地	三亚	三亚湾	上海	丽江	乌鲁木齐	九寨沟	兰州	北京	北海	南京	...	西安	鄂尔多斯	重庆	银川	长春	长沙
上海	1627.35	NaN	NaN	1981.49	3223.76	1893.7125	NaN	1317.09	NaN	NaN	...	1381.83	NaN	1641.17	NaN	NaN	1147.9200
北京	2760.40	NaN	NaN	1958.16	2362.06	1953.7400	NaN	NaN	NaN	NaN	...	1283.86	NaN	NaN	1025.14	NaN	1300.9200
南京	1886.40	NaN	NaN	1775.49	NaN	1963.3500	NaN	NaN	1856.77	NaN	...	966.83	NaN	1185.18	NaN	NaN	988.01000
厦门	1464.84	NaN	NaN	NaN	3018.21	2079.4800	NaN	1390.80	NaN	NaN	...	1475.25	NaN	1462.29	NaN	NaN	1143.1666
哈尔滨	2102.84	NaN	NaN	NaN	NaN	1866.5300	NaN	NaN	2318.29	1164.69697	...	1961.25	NaN	NaN	NaN	NaN	1831.0000
大连	2955.01	NaN	1191.41	NaN	NaN	2115.2000	NaN	NaN	NaN	NaN	...	1104.94	NaN	1742.29	NaN	NaN	1680.0100
天津	2085.35	NaN	NaN	1654.49	NaN	1994.7000	NaN	NaN	2085.30	NaN	...	984.89	NaN	1464.17	NaN	NaN	1183.9200
宁波	NaN	NaN	NaN	NaN	NaN	2067.2000	2552.84	NaN	NaN	NaN	...	1736.94	NaN	1686.29	NaN	NaN	1124.0100

图 11-48

最后输入以下代码：

```
# 从杭州出发的目的地 vs 去程方式 vs 平均价格的数据透视表
df1 = pd.pivot_table(df[df["出发地"]=="杭州"],values=["价格"],index=["出发地","目的地"],columns=["去程方式"])
df1
```

代码运行结果如图 11-49 所示。

		价格	
	去程方式	直飞	经停
出发地	目的地		
	三亚	1839.35	NaN
	丽江	NaN	2918.320000
	九寨沟	NaN	1952.700000
	北海	NaN	2910.000000
	厦门	1208.38	NaN
	呼和浩特	NaN	1557.570000
	哈尔滨	NaN	1690.990000
	大连	1710.09	NaN
	天子山	1682.03	NaN
	天津	1506.03	NaN
杭州	张家界	1682.03	NaN
	成都	NaN	1898.811111
	桂林	1438.98	NaN
	武汉	1190.16	NaN
	沈阳	1948.03	NaN
	西双版纳	NaN	1716.310000
	西宁	NaN	2851.820000
	西安	1242.89	NaN
	重庆	1644.17	NaN
	长沙	1160.92	NaN
	青岛	1049.23	NaN

图 11-49

11.3　缺失值、异常值和重复值处理

11.3.1　缺失值处理

当数据中存在缺失值（NaN）时，可以用其他数值代替缺失值。这里主要用到了 DataFrame.fillna()方法，具体的用法如下。

1．查看是否有缺失值

输入以下代码：

```
df= pd.read_csv("D:/hz_weather.csv")
df1=pd.pivot_table(df, values=['最高气温'], index=['天气'], columns=['
风向'])
df1.isnull()
```

代码运行结果如图 11-50 所示。

最高气温						
风向	东北风	东南风	东风	北风	南风	西北风	西南风
天气						
中雨	False	True	False	False	True	True	True
多云	False	False	False	False	False	False	False
小到中雨	True	True	True	False	True	True	True
小雨	False	False	False	False	True	False	False
晴	False	False	False	False	False	True	False
阴	False	False	False	False	False	False	True
阵雨	True	False	False	False	False	False	False
雨夹雪	True	True	True	False	True	True	True

图 11-50

2．使用参数 axis=0，选择删除行

这种方法较为常用，代码如下。

```
df1.dropna(axis=0)
```

代码运行结果如图 11-51 所示。

最高气温						
风向	东北风	东南风	东风	北风	南风	西北风	西南风
天气						
多云	14.111111	13.75	15.0	13.333333	24.333333	21.0	18.666667
晴	10.250000	15.80	18.0	18.000000	19.000000	18.0	27.500000

图 11-51

3．选择删除列

这种情况不多见，因为我们通常选择用列来表示一个变量或指标，因此一般不会因为有几个缺失值就删除一个变量或指标。使用这种方法时，代码如下。

```
df1.dropna(axis=1)
```

代码运行结果如图 11-52 所示。

最高气温	
风向	北风
天气	
中雨	11.000000
多云	13.333333
小到中雨	13.000000
小雨	9.250000
晴	18.000000
阴	15.600000
阵雨	15.333333
雨夹雪	7.000000

图 11-52

4．使用字符串代替缺失值

使用这种方法时，代码如下。

```
df1.fillna('missing')
```

代码运行结果如图 11-53 所示。

风向	最高气温						
	东北风	东南风	东风	北风	南风	西北风	西南风
天气							
中雨	11	missing	18.5	11.000000	missing	missing	missing
多云	14.1111	13.75	15	13.333333	24.3333	21	18.6667
小到中雨	missing	missing	missing	13.000000	missing	missing	missing
小雨	13.5	11	14.5	9.250000	missing	14	13
晴	10.25	15.8	18	18.000000	19	18	27.5
阴	13.5	16	13	15.600000	14	11	missing
阵雨	missing	21	26	15.333333	28	12	27.5
雨夹雪	missing	missing	missing	7.000000	missing	missing	missing

图 11-53

5．使用前一个数据代替 NaN：method='pad'

使用这种方法时，代码如下。

```
df1.fillna(method='pad')
```

代码运行结果如图 11-54 所示。

风向	最高气温						
	东北风	东南风	东风	北风	南风	西北风	西南风
天气							
中雨	11.000000	NaN	18.5	11.000000	NaN	NaN	NaN
多云	14.111111	13.75	15.0	13.333333	24.333333	21.0	18.666667
小到中雨	14.111111	13.75	15.0	13.000000	24.333333	21.0	18.666667
小雨	13.500000	11.00	14.5	9.250000	24.333333	14.0	13.000000
晴	10.250000	15.80	18.0	18.000000	19.000000	18.0	27.500000
阴	13.500000	16.00	13.0	15.600000	14.000000	11.0	27.500000
阵雨	13.500000	21.00	26.0	15.333333	28.000000	12.0	27.500000
雨夹雪	13.500000	21.00	26.0	7.000000	28.000000	12.0	27.500000

图 11-54

6．bfill 表示用后一个数据代替 NaN

用 limit 限制每列可以代替 NaN 的数目，下面限制每列只能代替一个 NaN，代码如下。

```
df1.fillna(method='bfill',limit=1)
```

代码运行结果如图 11-55 所示。

	最高气温						
风向	东北风	东南风	东风	北风	南风	西北风	西南风
天气							
中雨	11.000000	13.75	18.5	11.000000	24.333333	21.0	18.666667
多云	14.111111	13.75	15.0	13.333333	24.333333	21.0	18.666667
小到中雨	13.500000	11.00	14.5	13.000000	NaN	14.0	13.000000
小雨	13.500000	11.00	14.5	9.250000	19.000000	14.0	13.000000
晴	10.250000	15.80	18.0	18.000000	19.000000	18.0	27.500000
阴	13.500000	16.00	13.0	15.600000	14.000000	11.0	27.500000
阵雨	NaN	21.00	26.0	15.333333	28.000000	12.0	27.500000
雨夹雪	NaN	NaN	NaN	7.000000	NaN	NaN	NaN

图 11-55

7．使用平均数或其他描述性统计量来代替 NaN

使用这种方法时，代码如下。

```
df1.fillna(df1.mean())
```

代码运行结果如图 11-56 所示。

	最高气温						
风向	东北风	东南风	东风	北风	南风	西北风	西南风
天气							
中雨	11.000000	15.51	18.5	11.000000	21.333333	15.2	21.666667
多云	14.111111	13.75	15.0	13.333333	24.333333	21.0	18.666667
小到中雨	12.472222	15.51	17.5	13.000000	21.333333	15.2	21.666667
小雨	13.500000	11.00	14.5	9.250000	21.333333	14.0	13.000000
晴	10.250000	15.80	18.0	18.000000	19.000000	18.0	27.500000
阴	13.500000	16.00	13.0	15.600000	14.000000	11.0	21.666667
阵雨	12.472222	21.00	26.0	15.333333	28.000000	12.0	27.500000
雨夹雪	12.472222	15.51	17.5	7.000000	21.333333	15.2	21.666667

图 11-56

11.3.2　检测和过滤异常值

发现异常值和极端值的方法是对数据进行描述性统计，使用 describe()函数则可以生成描述性统计结果。

1．基于统计与数据分布

假设数据集满足正态分布（Normal Distribution），即：

$$P(\alpha;\mu,\sigma) = \frac{1}{\sqrt{2\pi\sigma^2}} \exp\left(-\frac{(\alpha-\mu)^2}{2\sigma^2}\right), \qquad \alpha \in [-\infty;\infty]$$

这里，正态分布的平均值为 μ，方差为 σ^2。

如果 α 的值大于 3 σ 或小于 -3 σ，那么都可以认为是异常值（见图 11-57），代码如下。

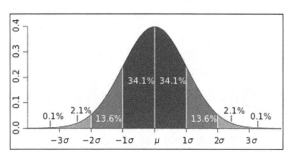

图 11-57

```
%matplotlib inline
import matplotlib as mpl
import matplotlib.pyplot as plt
df=pd.read_csv("D:/hz_weather.csv")
fig, ax = plt.subplots(1, 1, figsize=(8, 5))
ax.hist(df["最低气温"],bins=20)
d = df["最低气温"]
zscore = (d - d.mean())/d.std()
df['isOutlier'] = zscore.abs() > 3
df['isOutlier'].value_counts()
```

代码运行结果如图 11-58 所示。

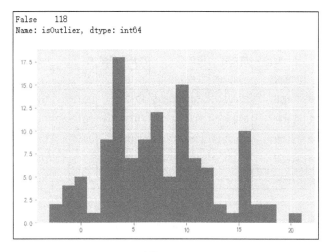

图 11-58

2．箱形图分析

箱形图可以用来观察数据整体的分布情况，利用中位数、25%分位数，75%分位数、上边界和下边界等统计量来描述数据的整体分布情况。通过计算这些统计量，生成一个箱形图，箱体中的数据一般被认为是正常的，而在箱体上边界和下边界之外的数据通常被认为是异常的。

```
%matplotlib inline
import matplotlib as mpl
import matplotlib.pyplot as plt
df=pd.read_csv("D:/sale_data.csv")
fig, ax = plt.subplots(1, 1, figsize=(8, 5))
df_=df[df["子行业名称"]=="羽绒服"]
df_.boxplot(column="成交量",ax=ax)
d=df_["成交量"]
print (d.describe())
df_['isOutlier'] = d > d.quantile(0.75)
df_[df_['isOutlier']==True]
```

代码运行结果如图 11-59、图 11-60 和图 11-61 所示。

```
count    2.500000e+01
mean     9.818319e+05
std      1.502757e+06
min      1.746800e+04
25%      7.623500e+04
50%      2.427510e+05
75%      1.056998e+06
max      5.289075e+06
Name: 成交量, dtype: float64
```

图 11-59

	子行业名称	成交量	销售额	高质商品数	年	月	isOutlier
2	羽绒服	1343759	766819840	73181	2012	1	True
255	羽绒服	3862246	2541386685	101261	2012	11	True
277	羽绒服	5289075	3924740522	110398	2012	12	True
302	羽绒服	4262219	3330737056	121260	2013	1	True
584	羽绒服	1717377	913287190	58773	2011	11	True
602	羽绒服	3130067	1764737225	104287	2011	12	True

图 11-60

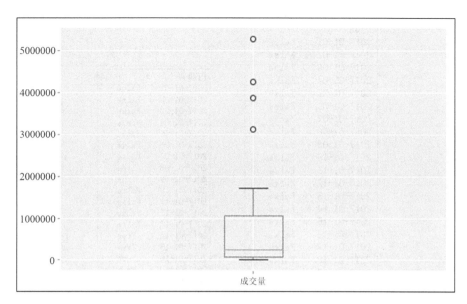

图 11-61

11.3.3　移除重复值

duplicated()方法返回一个 bool 类型的 Series，用于判断某行是否为重复行；drop_duplicates()方法返回一个删除了重复行的 DataFrame，具体操作如下。

首先输入以下代码：

```
df=pd.read_CSV("D:/hz_weather.CSV")
df.duplicated()
```

代码运行结果如图 11-62 所示。

其次输入以下代码：

```
data.duplicated('最高气温')   # 按照列进行判断
```

代码运行结果如图 11-63 所示。

最后输入以下代码：

```
df.drop_duplicates('最高气温')   # 返回一个新的去重后的对象
```

代码运行结果如图 11-64 所示。

日期	
2017-01-01	False
2017-01-02	False
2017-01-03	False
2017-01-04	False
2017-01-05	False
2017-01-06	False
2017-01-07	False
2017-01-08	False
2017-01-09	False
2017-01-10	False
2017-01-11	False
2017-01-12	False
2017-01-13	False
2017-01-14	False
2017-01-15	False
2017-01-16	False
2017-01-17	False
2017-01-18	False
2017-01-19	False
2017-01-20	False
2017-01-21	False
2017-01-22	False
2017-01-23	False
2017-01-24	False
2017-01-25	True
2017-01-26	False
2017-01-27	False
2017-01-28	True
2017-01-29	False
2017-01-30	True
. . .	

图 11-62

日期	
2017-01-01	False
2017-01-02	False
2017-01-03	False
2017-01-04	True
2017-01-05	False
2017-01-06	False
2017-01-07	False
2017-01-08	True
2017-01-09	True
2017-01-10	False
2017-01-11	False
2017-01-12	False
2017-01-13	False
2017-01-14	True
2017-01-15	True
2017-01-16	True
2017-01-17	True
2017-01-18	True
2017-01-19	True
2017-01-20	False
2017-01-21	True
2017-01-22	True
2017-01-23	True
2017-01-24	True
2017-01-25	True
2017-01-26	True
2017-01-27	True
2017-01-28	True
2017-01-29	False
2017-01-30	True
. . .	

图 11-63

日期	最高气温	最低气温
2017-01-01	17	7
2017-01-02	16	8
2017-01-03	15	8
2017-01-05	13	11
2017-01-06	12	10
2017-01-07	11	9
2017-01-10	9	4
2017-01-11	8	5
2017-01-12	7	4
2017-01-13	10	1
2017-01-20	6	-3

图 11-64

11.3.4　案例：旅游数据值的检查与处理

这里进行某旅游网站自由行路线数据缺失值、异常值、重复值的处理。

首先输入以下代码：

```
# 读取自由行路线数据表
import pandas as pd
df = pd.read_csv("D:/qunar_free_trip.csv")
df.head()
```

代码运行结果如图 11-65 所示。

	出发地	目的地	价格	节省	路线名	酒店	房间	去程航司	去程方式	去程时间	回程航司	回程方式	回程时间
0	北京	厦门	1866	492	北京-厦门3天2晚 | 入住厦门温特雅酒店 + 联合航空/首都航空往返机票	厦门温特雅酒店 舒适型 3.9分/5分	标准房(大床)(预付) 大床 不含早 1间2晚	联合航空 KN5927	直飞	16:55-19:45	首都航空 JD5376	直飞	22:15-01:15
1	北京	厦门	2030	492	北京-厦门3天2晚 | 入住厦门华美达长升大酒店 + 联合航空/首都航空往返机票	厦门华美达长升大酒店 4.1分/5分	标准房(猫峰出游) 大/双床 双早 1间2晚	联合航空 KN5927	直飞	16:55-19:45	首都航空 JD5376	直飞	22:15-01:15
2	北京	厦门	2139	533	北京-厦门3天2晚 | 入住厦门毕思特酒店 + 联合航空/首都航空往返机票	厦门毕思特酒店 高档型 4.4分/5分	标准大床房(特惠) [双... 大床 双早 1间2晚	联合航空 KN5927	直飞	16:55-19:45	首都航空 JD5376	直飞	22:15-01:15
3	北京	厦门	2141	502	北京-厦门3天2晚 | 入住厦门翔鹭国际大酒店 + 联合航空/首都航空往返机票	厦门翔鹭国际大酒店 豪华型 4.4分/5分	高级大床房(含单早) 其他 单早 1间2晚	联合航空 KN5927	直飞	16:55-19:45	首都航空 JD5376	直飞	22:15-01:15
4	北京	厦门	2159	524	北京-厦门3天2晚 | 入住厦门京闽中心酒店 + 联合航空/首都航空往返机票	厦门京闽中心酒店 4.5分/5分	高级房(双床)(新春特... 双床 双早 1间2晚	联合航空 KN5927	直飞	16:55-19:45	首都航空 JD5376	直飞	22:15-01:15

图 11-65

然后输入以下代码，发现没有缺失值。

```
# 查看是否有缺失值
df.info()
```

代码运行结果如图 11-66 所示。

```
<class 'pandas.core.frame.DataFrame'>
RangeIndex: 30821 entries, 0 to 30820
Data columns (total 13 columns):
出发地      30821 non-null object
目的地      30821 non-null object
价格       30821 non-null int64
节省       30821 non-null int64
路线名      30821 non-null object
酒店       30821 non-null object
房间       30821 non-null object
去程航司     30821 non-null object
去程方式     30821 non-null object
去程时间     30821 non-null object
回程航司     30821 non-null object
回程方式     30821 non-null object
回程时间     30821 non-null object
dtypes: int64(2), object(11)
memory usage: 3.1+ MB
```

图 11-66

接下来输入以下代码，发现有 130 个重复值。

```
# 查看是否有重复值
df.duplicated().value_counts()
```

代码运行结果如图 11-67 所示。

```
False    30691
True       130
dtype: int64
```

图 11-67

接下来输入以下代码：

```
# 移除重复值
df = df.drop_duplicates()
df.duplicated().valuc_counts()
```

代码运行结果如图 11-68 所示。

```
False    30691
dtype: int64
```

图 11-68

接下来输入以下代码：

```
# 查看描述性统计信息
df.describe()
```

代码运行结果如图 11-69 所示。

	价格	节省
count	30691.000000	30691.000000
mean	1734.980906	473.514548
std	649.396418	152.293192
min	541.000000	302.000000
25%	1254.000000	358.000000
50%	1644.000000	438.000000
75%	2043.000000	532.000000
max	6792.000000	1830.000000

图 11-69

接下来输入以下代码：

```
# 画出价格分布的直方图和箱形图
%matplotlib inline
import matplotlib as mpl
import matplotlib.pyplot as plt

fig, axes = plt.subplots(1, 2, figsize=(12, 5))
axes[0].hist(df["价格"],bins=20)
df.boxplot(column="价格",ax=axes[1])
fig.tight_layout()
```

代码运行结果如图 11-70 所示。

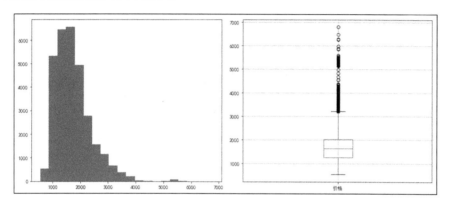

图 11-70

最后输入以下代码：

```
# 用均方差法找出价格异常值
d=df["价格"]
zscore = (d - d.mean())/d.std()
df['isOutlier'] = zscore.abs() > 3.5
print (df['isOutlier'].value_counts())
df[df['isOutlier']==True]
```

代码运行结果如图 11-71 所示，这里发现了 139 个异常值。

```
False   30552
True      139
Name: isOutlier, dtype: int64
```

	出发地	目的地	价格	节省	路线名	酒店	房间	去程航司	去程方式	去程时间	回程航司	回程方式	回程时间	isOutlier
311	北京	丽江	4347	1056	北京-丽江3天2晚丨入住丽江悦榕庄＋首都航空往返机票	丽江悦榕庄豪华型 4.7分/5分	豪华园景别墅房(VI…大/双床 双早 1间2晚	首都航空JD5215	直飞	21:30-01:05	首都航空JD5182	直飞	06:05-09:25	True
1943	北京	三亚	4071	993	北京-三亚3天2晚丨入住三亚太阳湾柏悦酒店＋南方航空/海南航空往返机票	三亚太阳湾柏悦酒店 豪华型 4.7分/5分	柏悦双人客房（独家首日…双床 双早 1间2晚	南方航空CZ6716	直飞	19:00-23:10	海南航空HU7280	直飞	19:55-23:35	True

图 11-71

11.4　时序数据处理

11.4.1　日期/时间数据转换

打印系统时间戳，代码如下。

```
import time
print(time.time())
```

代码运行结果如图 11-72 所示。

```
1496045526.6845787
```

图 11-72

时间戳是指格林威治时间 1970 年 01 月 01 日 00 时 00 分 00 秒（北京时间 1970 年 01 月 01 日 08 时 00 分 00 秒）起至现在的总秒数。

打印系统时间，代码如下。

```
print(time.localtime())
```

代码运行结果如图 11-73 所示。

```
time.struct_time(tm_year=2017, tm_mon=5, tm_mday=29, tm_hour=16, tm_min=19, tm_sec=48, tm_wday=0, tm_yday=149, tm_isdst=0)
```

图 11-73

输入以下代码：

```
print(time.strftime('%Y-%m-%d %X', time.localtime()))
```

代码运行结果如图 11-74 所示。

```
2017-05-29 16:19:48
```

图 11-74

将系统时间转换成时间戳，代码如下。

```
print(time.mktime(time.localtime()))
```

代码运行结果如图 11-75 所示。

```
1496045988.0
```

图 11-75

将时间戳转换成系统时间，代码如下。

```
print(time.strftime('%Y-%m-%d %X',time.localtime(1496044286.0)))
```

代码运行结果如图 11-76 所示。

```
2017-05-29 15:51:26
```

图 11-76

11.4.2　时序数据基础操作

首先，用 datetime 函数创建时间序列，代码如下。

```
import datetime
import numpy as np
import pandas as pd
pd.date_range(datetime.datetime(2017, 1, 1), periods=31)
```

代码运行结果如图 11-77 所示。

```
DatetimeIndex(['2017-01-01', '2017-01-02', '2017-01-03', '2017-01-04',
               '2017-01-05', '2017-01-06', '2017-01-07', '2017-01-08',
               '2017-01-09', '2017-01-10', '2017-01-11', '2017-01-12',
               '2017-01-13', '2017-01-14', '2017-01-15', '2017-01-16',
               '2017-01-17', '2017-01-18', '2017-01-19', '2017-01-20',
               '2017-01-21', '2017-01-22', '2017-01-23', '2017-01-24',
               '2017-01-25', '2017-01-26', '2017-01-27', '2017-01-28',
               '2017-01-29', '2017-01-30', '2017-01-31'],
              dtype='datetime64[ns]', freq='D')
```

图 11-77

然后输入以下代码：

```
pd.date_range("2017-1-1", periods=31) # 31 天
```

代码运行结果如图 11-78 所示。

```
DatetimeIndex(['2017-01-01', '2017-01-02', '2017-01-03', '2017-01-04',
               '2017-01-05', '2017-01-06', '2017-01-07', '2017-01-08',
               '2017-01-09', '2017-01-10', '2017-01-11', '2017-01-12',
               '2017-01-13', '2017-01-14', '2017-01-15', '2017-01-16',
               '2017-01-17', '2017-01-18', '2017-01-19', '2017-01-20',
               '2017-01-21', '2017-01-22', '2017-01-23', '2017-01-24',
               '2017-01-25', '2017-01-26', '2017-01-27', '2017-01-28',
               '2017-01-29', '2017-01-30', '2017-01-31'],
              dtype='datetime64[ns]', freq='D')
```

图 11-78

接下来输入以下代码：

```
# freq="H"表示按小时生成序列
pd.date_range("2017-5-1 00:00", "2017-5-1 12:00", freq="H")
```

代码运行结果如图 11-79 所示。

```
DatetimeIndex(['2017-05-01 00:00:00', '2017-05-01 01:00:00',
               '2017-05-01 02:00:00', '2017-05-01 03:00:00',
               '2017-05-01 04:00:00', '2017-05-01 05:00:00',
               '2017-05-01 06:00:00', '2017-05-01 07:00:00',
               '2017-05-01 08:00:00', '2017-05-01 09:00:00',
               '2017-05-01 10:00:00', '2017-05-01 11:00:00',
               '2017-05-01 12:00:00'],
              dtype='datetime64[ns]', freq='H')
```

图 11-79

接下来输入以下代码：

```
# index 是时间序列
ts1 = pd.Series(np.arange(31), index=pd.date_range("2017-1-1", periods= 31))
ts1.head()
```

代码运行结果如图 11-80 所示。

```
2017-01-01    0
2017-01-02    1
2017-01-03    2
2017-01-04    3
2017-01-05    4
Freq: D, dtype: int32
```

图 11-80

接下来输入以下代码：

```
ts1["2017-1-3"]        #找到索引对应的数据
```

代码运行结果如图 11-81 所示。

```
2
```

图 11-81

接下来输入以下代码：

```
ts1.index[2]           #打印第 2 个（从 0 开始）索引值
```

代码运行结果如图 11-82 所示。

```
Timestamp('2017-01-03 00:00:00', freq='D')
```

图 11-82

最后输入以下代码：

```
# 取出第 2 个索引对应的年、月、日
ts1.index[2].year, ts1.index[2].month, ts1.index[2].day
```

代码运行结果如图 11-83 所示。

```
(2017, 1, 3)
```

图 11-83

11.4.3　案例：天气预报数据分析与处理

1．时序分析

本案例针对第 3 章的天气预报数据做时序分析，首先输入以下代码：

```
data=pd.read_csv("D:/hz_weather.csv")
df=data[['日期','最高气温','最低气温']]
df.head()
```

代码运行结果如图 11-84 所示。

	最高气温	最低气温
日期		
2017-01-01	17	7
2017-01-02	16	8
2017-01-03	15	8
2017-01-04	15	11
2017-01-05	13	11

图 11-84

修改日期格式，并将日期设为索引（index），代码如下。

```
df.日期= pd.to_datetime(df.日期.values, format="%Y-%m-%d")
df = df.set_index('日期')      # 把日期设为 index
df.index[0]                    # 取出第 0 个索引对应的日期值
```

代码运行结果如图 11-85 所示。

```
Timestamp('2017-01-01 00:00:00')
```

图 11-85

接下来输入以下代码：

```
df.info()
```

代码运行结果如图 11-86 所示。

```
<class 'pandas.core.frame.DataFrame'>
DatetimeIndex: 118 entries, 2017-01-01 to 2017-04-30
Data columns (total 2 columns):
最高气温    118 non-null int64
最低气温    118 non-null int64
dtypes: int64(2)
memory usage: 2.8 KB
```

图 11-86

接下来输入以下代码：

```
df.index < "2017-2-1"    #返回一个布尔值数组
```

代码运行结果如图 11-87 所示。

```
array([ True,  True,  True,  True,  True,  True,  True,  True,  True,
        True,  True,  True,  True,  True,  True,  True,  True,
        True,  True,  True,  True,  True,  True,  True,  True,
        True,  True,  True,  True, False, False, False, False, False,
       False, False, False, False, False, False, False, False, False,
       False, False, False, False, False, False, False, False, False,
       False, False, False, False, False, False, False, False, False,
       False, False, False, False, False, False, False, False, False,
       False, False, False, False, False, False, False, False, False,
       False, False, False, False, False, False, False, False, False,
       False, False, False, False, False, False, False, False, False,
       False, False, False, False, False, False, False, False, False,
       False, False, False, False, False, False, False, False, False, False], dtype=bool)
```

图 11-87

接下来输入以下代码：

```
# 提取 1 月份的温度数据
df_jan = df[(df.index >="2017-1-1") & (df.index < "2017-2-1")]
df_jan.info()
```

代码运行结果如图 11-88 所示。

```
<class 'pandas.core.frame.DataFrame'>
DatetimeIndex: 31 entries, 2017-01-01 to 2017-01-31
Data columns (total 2 columns):
最高气温    31 non-null int64
最低气温    31 non-null int64
dtypes: int64(2)
memory usage: 744.0 bytes
```

图 11-88

接下来输入以下代码：

```
df1_jan = df["2017-1-1":"2017-1-31"]# 设置起始日期和截止日期
df1_jan.info()
```

代码运行结果如图 11-89 所示。

```
<class 'pandas.core.frame.DataFrame'>
DatetimeIndex: 31 entries, 2017-01-01 to 2017-01-31
Data columns (total 2 columns):
最高气温    31 non-null int64
最低气温    31 non-null int64
dtypes: int64(2)
memory usage: 744.0 bytes
```

图 11-89

接下来输入以下代码:

```
# 只取月份
df.to_period('M').head()
```

代码运行结果如图 11-90 所示。

日期	最高气温	最低气温
2017-01	17	7
2017-01	16	8
2017-01	15	8
2017-01	15	11
2017-01	13	11

图 11-90

接下来输入以下代码:

```
df_month = df.to_period("M").groupby(level=0).mean()
# groupby 对索引做聚合，再做均值 mean（level 指定索引层级）
df_month.head()
```

代码运行结果如图 11-91 所示。

日期	最高气温	最低气温
2017-01	10.870968	4.064516
2017-02	12.428571	3.821429
2017-03	15.000000	7.586207
2017-04	23.800000	13.833333

图 11-91

2．制作温度变化趋势图

在制图之前，先介绍一下如何在 matplotlib 里支持中文作图，具体方法如下。

首先，修改 matplotlib 安装目录（ Lib\site-packages\matplotlib\mpl-data ）下的 matplotlibrc 配置文件，将 font.family 部分注释去掉，并且在 font.serif 和 font.sans-serif 支持的字体中添加中文字体，如 SimHei（ 见图 11-92 ）。

```
196  font.family        : sans-serif
197  #font.style        : normal
198  #font.variant      : normal
199  #font.weight       : medium
200  #font.stretch      : normal
201  # note that font.size controls default text sizes.  To configure
202  # special text sizes tick labels, axes, labels, title, etc, see the rc
203  # settings for axes and ticks. Special text sizes can be defined
204  # relative to font.size, using the following values: xx-small, x-small,
205  # small, medium, large, x-large, xx-large, larger, or smaller
206  #font.size         : 10.0
207  font.serif         : SimHei, DejaVu Serif, Bitstream Vera Serif, New Century Sc
208  font.sans-serif    : SimHei, DejaVu Sans, Bitstream Vera Sans, Lucida Grande, \
209  #font.cursive      : Apple Chancery, Textile, Zapf Chancery, Sand, Script MT,
210  #font.fantasy      : Comic Sans MS, Chicago, Charcoal, Impact, Western, Humor
211  #font.monospace    : DejaVu Sans Mono, Bitstream Vera Sans Mono, Andale Mono,
```

图 11-92

然后输入以下代码进行作图：

```
%matplotlib inline
import matplotlib as mpl
import matplotlib.pyplot as plt
fig, ax = plt.subplots(1, 1, figsize=(12, 4))
df.plot(ax=ax)
```

代码运行结果如图 11-93 所示。

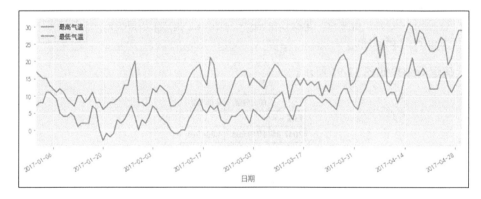

图 11-93

11.5　数据类型转换

在 Python 中区分文本、整型等数据类型，不同数据类型之间可以转换。

首先读入并观察数据，代码如下。

```
import pandas as pd
df_pop = pd.read_csv("D:/european_cities.csv")
df_pop.head()
```

代码运行结果如图 11-94 所示。

	Rank	City	State	Population	Date of census/estimate
0	1	London[2]	United Kingdom	8,615,246	1 June 2014
1	2	Berlin	Germany	3,437,916	31 May 2014
2	3	Madrid	Spain	3,165,235	1 January 2014
3	4	Rome	Italy	2,872,086	30 September 2014
4	5	Paris	France	2,273,305	1 January 2013

图 11-94

然后查看字段的数据类型，代码如下。

```
type(df_pop.Population[0]) # 不是纯数值，是 string 类型的
```

代码运行结果如图 11-95 所示。

str

图 11-95

接下来删除字段中的逗号，代码如下。

```
df_pop["NumericPopulation"]    =    df_pop.Population.apply(lambda    x:
int(x. replace(",", "")))
    # lambda 表示下面的内容是一个函数，对每一行用 apply 进行操作，去掉 Population 每个
    # 元素的逗号并转为整型
    # apply 很方便，不用循环
df_pop.head()
```

代码运行结果如图 11-96 所示。

读取 State 列的前 3 个数据，代码如下。

```
df_pop["State"].values[:3]
```

	Rank	City	State	Population	Date of census/estimate	NumericPopulation
0	1	London[2]	United Kingdom	8,615,246	1 June 2014	8615246
1	2	Berlin	Germany	3,437,916	31 May 2014	3437916
2	3	Madrid	Spain	3,165,235	1 January 2014	3165235
3	4	Rome	Italy	2,872,086	30 September 2014	2872086
4	5	Paris	France	2,273,305	1 January 2013	2273305

图 11-96

代码运行结果如图 11-97 所示。

```
array([' United Kingdom', ' Germany', ' Spain'], dtype=object)
```

图 11-97

将 State 数据字段进行调整，去掉数据前后可能存在的空格，代码如下。

```
df_pop["State"] = df_pop["State"].apply(lambda x: x.strip())
# 去掉 string 前后的空格
df_pop.head()
```

代码运行结果如图 11-98 所示。

	Rank	City	State	Population	Date of census/estimate	NumericPopulation
0	1	London[2]	United Kingdom	8,615,246	1 June 2014	8615246
1	2	Berlin	Germany	3,437,916	31 May 2014	3437916
2	3	Madrid	Spain	3,165,235	1 January 2014	3165235
3	4	Rome	Italy	2,872,086	30 September 2014	2872086
4	5	Paris	France	2,273,305	1 January 2013	2273305

图 11-98

查看所有字段的数据类型，代码如下。

```
df_pop.dtypes
```

代码运行结果如图 11-99 所示。

```
Rank                       int64
City                      object
State                     object
Population                object
Date of census/estimate   object
NumericPopulation          int64
dtype: object
```

图 11-99

在 pandas DataFrame 中，dtype: object 表示文本（字符串）类型。

11.6　正则表达式

正则表达式，又称规则表达式（Regular Expression），在代码中常简写为 ReGex、RegExp 或 RE，它是计算机科学的一个概念。正则表达式通常被用来检索、替换符合某个模式（规则）的文本。

正则表达式由一些普通字符和一些元字符（metacharacters）组成。普通字符包括大小写的字母和数字，而元字符则具有特殊的含义，下面进行具体讲解。

11.6.1　元字符与限定符

1. 元字符（见表 11-1）

表 11-1

元字符	描　　述
$	匹配输入字符串的结尾位置。如果设置了 RegExp 对象的 Multiline 属性，则$也匹配 "\n" 或 "\r"。要匹配$字符本身，请使用\$
( )	标记一个子表达式的开始和结束位置。子表达式可以获取供以后使用。要匹配这些字符，请使用 \(和 \)
*	匹配前面的子表达式零次或多次。要匹配 "*" 字符，请使用 *
+	匹配前面的子表达式一次或多次。要匹配 "+" 字符，请使用 \+
.	匹配除换行符 \n 之外的任何单字符。要匹配 "." 字符，请使用 \.
[	标记一个中括号表达式的开始。要匹配 "[" 字符，请使用 \[
?	匹配前面的子表达式零次或一次，或指明一个非贪婪限定符。要匹配 "?" 字符，请使用 \?
\	将下一个字符标记为特殊字符、原义字符、向后引用或八进制转义符。例如，"n" 匹配字符 "n"，"\n" 匹配换行符；序列 "\\" 匹配 "\"，而 "\(" 则匹配 "("
^	匹配输入字符串的开始位置，除非在中括号表达式中使用，此时它表示不接受该字符集合。要匹配 ^ 字符本身，请使用 \^
{	标记限定符表达式的开始。要匹配 {字符，请使用 \{
|	指明两项之间的一个选择。要匹配 |字符，请使用 \\|

2. 限定符（见表 11-2）

表 11-2

字符	描　　述
*	匹配前面的子表达式零次或多次。例如，"zo*" 能匹配 "z" 及 "zoo"。"*" 等价于 "{0,}"
+	匹配前面的子表达式一次或多次。例如，"zo+" 能匹配 "zo" 及 "zoo"，但不能匹配 "z"。"+" 等价于 "{1,}"
?	匹配前面的子表达式零次或一次。例如，"do(es)?" 可以匹配 "do" 或 "does" 中的 "do"。"?" 等价于 "{0,1}"
{n}	n 是一个非负整数。匹配确定的 n 次。例如，"o{2}" 不能匹配 "Bob" 中的 "o"，但是能匹配 "food" 中的两个 "o"

续表

字符	描　述
{n,}	n 是一个非负整数。至少匹配 n 次。例如，"o{2,}" 不能匹配 "Bob" 中的 "o"，但能匹配 "foooood" 中的所有 "o"。"o{1,}" 等价于 "o+"，"o{0,}" 则等价于 "o*"
{n,m}	m 和 n 均为非负整数，其中 n≤m。最少匹配 n 次且最多匹配 m 次。例如 "o{1,3}" 将匹配 "foooood" 中的前 3 个 "o"。"o{0,1}" 等价于 "o?"。注意，在逗号和两个数之间不能有空格

11.6.2　案例：用正则表达式提取网页文本信息

本案例使用第 2 章的数据，提取网页文本信息。

输入以下代码：

```
import pandas as pd
df = pd.read_csv("D:/getlinks.csv")
df.head()
```

代码运行结果如图 11-100 所示。

	title	link
0	网民最喜欢的旅游目的地榜单出炉	http://▇▇▇.cn/news/4221/
1	让生活更幸福是旅游业的使命	http://▇▇▇.cn/news/4212/
2	"一带一路"国家中东欧游客增两倍	http://▇▇▇.cn/news/4202/
3	旅游业改革开启旅游强国新篇章	http://▇▇▇.cn/news/4191/

图 11-100

在 pandas 中使用 link.str.extract()方法提取数字，它的第一个参数是正则表达式，括号表示要提取的部分，代码如下。

```
df.link.str.extract('(\d+)')
```

代码运行结果如图 11-101 所示。

```
0    4221
1    4212
2    4202
3    4191
Name: link, dtype: object
```

图 11-101

假如要提取多个数据，则可以使用多个括号，代码如下。

```
df.link.str.extract('(.*)/(\d+)')
```

代码运行结果如图 11-102 所示。

	0	1
0	http://■■■■.cn/news	4221
1	http://■■■■.cn/news	4212
2	http://■■■■.cn/news	4202
3	http://■■■■.cn/news	4191

图 11-102

如果让输出的结果包含变量名（列名），则可以使用下面的写法。

```
df.link.str.extract('(?P<URL>.*)/(?P<ID>\d+)')
```

代码运行结果如图 11-103 所示。

	URL	ID
0	http://■■■■.cn/news	4221
1	http://■■■■.cn/news	4212
2	http://■■■■.cn/news	4202
3	http://■■■■.cn/news	4191

图 11-103

11.7　习题

一、选择题

1. 下列关于 pandas 的表述有误的是（　　）。

    A. pandas 是 Python 的一个数据分析包，该工具为解决数据分析任务而创建

    B. pandas 纳入大量库和标准数据模型，提供高效的操作数据集所需的工具

    C. pandas 提供了大量能使我们快速、便捷地处理数据的函数和方法

    D. pandas 是字典形式，基于字典创建

2. 以下哪个选项可以实现 DataFrame 中 2,3 两行的选取？（　　）

    A. df[2:4]　　　　　B. df[2,4]　　　　　C. df[[2:4]]　　　　　D. df[[2,4]]

3. 如何在 DataFrame 中进行块选取的操作？（　　）

    A. df.ix[[0:3],['商品', '价格']]　　　　　B. df.ix [[0,3]['商品', '价格']]

    C. df.ix [0:3,['商品', '价格']]　　　　　D. df.ix [0:3,'商品':'价格']

4. 下面哪个函数可以使 DataFrame 的列旋转为行？（　　）

    A. stack()　　　　B. unstack()　　　C. turn()　　　　D. unturn()

5. 以下哪个函数可以查看 DataFrame 是否有缺失值？（　　）

    A. fillna()　　　　B. bfill()　　　　C. isnan()　　　　D. isnull()

6. 若需要用后一个数据代替 NaN，则下列哪个函数可以实现？（　　）

    A. fillna()　　　　B. bfill()　　　　C. isnan()　　　　D. isnull()

7. duplicated()方法返回一个什么类型的 Series，用于判断某行是否为重复行？（　　）

    A. 逻辑类型　　　　B. bool 类型　　　C. 二值类型　　　D. 字符类型

8. time 库的 time.time()函数的作用是（　　）。

    A. 返回系统当前时间戳对应的易读字符串表示

    B. 返回系统当前时间戳对应的 struct_time 对象

    C. 返回系统当前时间戳对应的本地时间的 struct_time 对象，本地之间经过时区转换

    D. 返回系统当前的时间戳

9. time 库的 time.mktime(t)函数的作用是（　　）。

    A. 将当前程序挂起 secs 秒，挂起即暂停执行

    B. 将 struct_time 对象变量 t 转换为时间戳

    C. 返回一个代表时间的精确浮点数，两次或多次调用，其差值用来计时

    D. 根据 format 格式定义，解析字符串 t，返回 struct_time 类型的时间变量

10. 使用 head 查看数据，若不设数值，则默认为多少行？（　　）

    A. 4　　　　　　　B. 5　　　　　　　C. 6　　　　　　　D. 7

11. 以下选项中不是 Python 数据分析的第三方库的是（　　）。

    A. NumPy　　　　B. SciPy　　　　C. pandas　　　　D. requests

12. pandas 中 describe()函数可以查看的统计信息包括（　　）。

    A. 频数最高者　　B. 非空值数　　　C. 平均值　　　　D. 方差

13. 下列关于正则表达式的功能表述正确的有（　　）。

    A. "*" 匹配前面的子表达式零次或多次

    B. "+" 匹配前面的子表达式一次或多次

    C. "?" 匹配前面的子表达式多次

    D. "{n}" 中 n 是一个非负整数

14. 在 Python 中调用正则表达式需要调用以下哪个库？（　　）

    A. xlrd　　　　　B. re　　　　　　C. Snownlp　　　D. Os

二、判断题

1. DataFrame 是一个类似表格的数据结构，索引包括列索引和行索引，包含一组有序的列，每列可以是不同的值类型（数值、字符串、布尔值等）。（   ）

2. DataFrame 连接时传入 left_index=True 或 right_index=True，可以将索引作为连接键用。（   ）

3. 向 CSV 中写入数据时，参数 index=True 可以使文件的第一列保存为索引值。（   ）

4. df.describe()用于查看描述性统计信息。（   ）

5. df.groupby 的 size()方法可以返回一个含有各分组大小的 Series。（   ）

6. axis=0 代表方向为列。（   ）

7. 当数据中存在 NaN 时，不可以用其他数值代替缺失值。（   ）

8. 发现异常值和极端值的方法是对数据进行描述性统计，而使用 describe()函数则可以生成描述性统计的结果。（   ）

9. pandas 提供了一个灵活高效的 groupby 功能，它使你能以一种自然的方式对数据集进行切片、切块、摘要等操作。（   ）

10. pandas.merge 根据一个或多个键将多个 DataFrane 连接起来，类似数据库连接。（   ）

11. pandas.concat 可以将重复数据编制在一起，用于填充另一个对象的缺失值。（   ）

12. merge()方法默认使用 outer 连接，通过 how 参数可以指定连接方法。（   ）

13. drop_duplicates()方法用于返回一个移除了重复行的 DataFrame。（   ）

14. 时间戳是指格林威治时间 1970 年 01 月 01 日 00 时 00 分 00 秒起至现在的总秒数。（   ）

15. 代码 time.mktime(time.localtime())可以将系统时间转换为时间戳。（   ）

三、应用题

用 pandas 对安斯库姆的四重奏数据集进行如下操作：

（1）计算 x 和 y 的均值和方差；计算 x 和 y 之间的相关系数。

（2）使用 Seaborn（FacetGrid 与 plt.scatter 相结合）可视化 4 个数据集。

第**12**章

综合应用实例

12.1 按性价比给用户推荐旅游产品

本案例主要介绍如何获取大量的旅游产品，并通过产品信息计算性价比，按性价比给用户推荐旅游产品。这里通过预测价格和实际价格之比来判断性价比，例如甲花了100元买了商品A，随后请乙估算商品A的价格，如果乙估算了200元，那么甲会觉得买值了；如果乙估算了50元，那么甲会觉得买亏了。

其业务逻辑如图12-1所示。

图 12-1

其流程设计如图 12-2 所示。

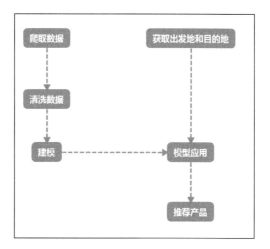

图 12-2

12.1.1 数据采集

数据采集的具体过程如下。

（1）编写某旅游网站自由行路线搜索结果爬虫，如搜索从"杭州"到"丽江"的自由行路线，连续下拉滚动条 50 次获取前 100 多条推荐路线。

（2）对于搜索结果中的每条路线，首先抓取其路线标题，然后单击进入详情页抓取住宿信息，如"酒店评分"（如 4.5 分、5.0 分）、"酒店等级"（如舒适型、高档型）等。

（3）将数据写入 qunar_routes.csv 文件。

完整爬虫代码如下。

```
import requests
import json
import urllib.request
import time
import csv
import random
from selenium import webdriver
from selenium.webdriver.common.by import By
from selenium.webdriver.support.ui import WebDriverWait
from selenium.webdriver.support import expected_conditions as EC
from selenium.webdriver.common.action_chains import ActionChains
from selenium.webdriver.common.keys import Keys


def globalVals():
```

```
        global driver
        global driver_

        driver = webdriver.Chrome()
        driver_ = webdriver.Chrome()


    def init_csv():
        global f
        global writer
        csvFile = "D:/qunar_routes.csv"
        # 打开文件后如果乱码，则将 utf-8 改成 gb18030
        f = open(csvFile, "w", newline="", encoding='utf-8')
        writer = csv.writer(f)
        writer.writerow(["出发地","目的地","路线信息","酒店信息"])


    def close_csv():
        global f
        f.close()


    def dump_routes_csv(dep,arr):
        global driver
        global driver_
        global writer

        # 定位所有路线信息
        routes = driver.find_elements_by_css_selector(".item.g-flexbox.list-
item")
        for route in routes:
            try:
                print("\nroute info:%s" % route.text)
                # 获取路线详情页 URL
                url = route.get_attribute("data-url")
                print("url:%s" % url)

                #在另一个浏览器对象中打开路线详情页
                driver_.get(url)
                time.sleep(random.uniform(2, 3))

                if "fhtouch" in url: # 机酒自由行
                    try:
                        # we have to wait for the page to refresh
                        WebDriverWait(driver_, 10).until(
                            EC.presence_of_element_located((By.CSS_SELECTOR,
"#allHotels")))
                        source=driver_.find_element_by_css_selector('#main-page')
```

```
                target=driver_.find_element_by_css_selector('#allHotels')
            except:
                print(str(e))
                continue
        else:                        # 自由行
            try:
                # 等待页面刷新成功
                WebDriverWait(driver_, 10).until(
                    EC.presence_of_element_located((By.CSS_SELECTOR,
".m-ball.m-ball-back")))
                source=driver_.find_element_by_css_selector('.flex.
scrollable')
                target=driver_.find_element_by_css_selector('.m-
ball.m- ball-back')
            except:
                print(str(e))
                continue

        # 路线详情页需通过 drag_and_drop 动作获得焦点，否则【Page Down】键无效
        ActionChains(driver_).drag_and_drop(source, target).perform()

        for i in range(3):
            # 模拟【Page Down】键的输入，实现下拉滚动条动作（3 次）
            ActionChains(driver_).send_keys(Keys.PAGE_DOWN).perform()

        # 在路线详情页下拉滚动条后才可定位到下面的元素
        try:
            # we have to wait for the page to refresh
            WebDriverWait(driver_, 10).until(
                EC.presence_of_element_located((By.CSS_SELECTOR,
".tit .score")))
        except Exception as e:
            print(str(e))
            continue

        try:
            # 获取酒店评分
            rating = driver_.find_element_by_css_selector(".tit .score")

            # 获取酒店类型
            type=driver_.find_element_by_css_selector(".tit
+ .tag-list > .g-tag.solid")

            # 拼接成酒店信息
            hotel = '\n'.join([rating.text, type.text])
            print("hotel info:%s" % hotel)
```

209

```
                except Exception as e:
                    print(str(e))
                    continue

                # 将这一条路线信息写入 CSV 文件
                writer.writerow([dep, arr, route.text, hotel])
        except:
            continue


if __name__ == "__main__":
    globalVals()
    init_csv()
    dep_cities = ["杭州"]

    for dep in dep_cities:
        strhtml = requests.get('https://m.*****.*****.com/golfz/sight/
arriveRecommend?dep=' + urllib.request.quote(dep) + '&exclude=&extensionImg=
255,175')
        arrive_dict = json.loads(strhtml.text)
        for arr_item in arrive_dict['data']:
            # 本例只爬取国内自由行路线，如需爬取国际路线，可将下面两行注释掉
            if arr_item['title'] != "国内":
                continue

            for arr_item_1 in arr_item['subModules']:
                for query in arr_item_1['items']:
                    # 本例只爬取杭州—丽江的自由行路线，如需爬取杭州—全国路线，
                    # 可将下面两行注释掉
                    if query['query'] != "丽江":
                        continue

                    # 打开移动端自由行路线搜索结果页面
                    driver.get("https://*****.*****.*****.com/p/ list?
cfrom=zyx&dep=" + urllib.request.quote(dep) + "&query=" + urllib.request.
quote (query['query']) + "%e8%87%aa%e7%94%b1%e8%a1%8c&it=n_index_free")
                    try:
                        # we have to wait for the page to refresh
                        WebDriverWait(driver, 10).until(EC.presence_of_
element_located((By.CLASS_NAME, "item g-flexbox list-item ")))
                    except Exception as e:
                        print(str(e))
                        raise

                    print("dep:%s arr:%s" % (dep, query["query"]))
```

```
                                # 连续下拉滚动条 50 次获取更多路线列表
                                for i in range(50):
                                    time.sleep(random.uniform(2, 3))
                                    print("page %d" % (i+1))
                                    # 模拟【page down】键的输入，实现下拉滚动条动作
                                    ActionChains(driver).send_keys(Keys.PAGE_DOWN).perform()

                                # 将出发地—目的地的自由行路线写入 CSV 文件
                                dump_routes_csv(dep, query["query"])

                        close_csv()
                        driver.close()
                        driver_.close()
```

PyCharm 运行结果如图 12-3 所示。

图 12-3

12.1.2 数据清洗、建模

数据清洗、建模的具体过程如下。

（1）编写数据清洗及线性回归建模程序，得到 R^2 为 0.886 的模型。

（2）将性价比定义为预测价格和实际价格的比值，并将性价比从高到低排序，找出性价比最高的路线。

线性回归建模程序代码如下。

```
import pandas as pd
import matplotlib.pyplot as plt
import statsmodels.api as sm
```

```python
# 读取包含路线信息的 CSV 文件
df = pd.read_csv("D:/qunar_routes.csv")
print (df.head())
print (df.info())


# 从路线信息中提取天数、价格信息
df["天数"]=df.路线信息.str.extract('(\d+)天\d+晚').apply(lambda x: int(x))
df["价格"]=df.路线信息.str.extract('(\d+)起/人').apply(lambda x: int(x))


# 从酒店信息中提取评分、等级信息
df["酒店评分"]=df.酒店信息.str.extract('(\d\.\d)分').apply(lambda x:
float(x))
df["酒店等级"]=df.酒店信息.str.extract('\n(.*)')

print (df.head())
print (df.info())


# 将酒店等级信息由文本型映射成数值型
class_map = {"其他":0,"经济型":1,"舒适型":2,"高档型":3,"豪华型":4}
df["酒店等级"]=df["酒店等级"].map(class_map)


# 针对变量画直方图，查看是否有异常值
fig, axes = plt.subplots(1, 3, figsize=(12, 4))
df["酒店等级"].plot(ax=axes[0], kind='hist', title="酒店等级")
df["酒店评分"].plot(ax=axes[1], kind='hist', title="酒店评分")
df["价格"].plot(ax=axes[2], kind='hist', title="价格")


#提取自变量 X、因变量 y
X,y = df.ix[:,4:-1].values, df.ix[:,-1].values


# 拟合 OLS 线性回归模型
ols = sm.OLS(y,X)
result = ols.fit()


# 查看拟合效果，R²=0.886
print (result.summary())


# 用训练好的线性回归模型来预测路线价格
y_pred = result.predict(X)


# 将性价比定义为预测价格和实际价格的比值
ratio = y_pred/y
df["性价比"] = ratio


# 按性价比从高到低排序
print(df.sort_values("性价比", ascending=False))
```

代码运行结果如图 12-4 和图 12-5 所示。

```
                          OLS Regression Results
======================================================================
Dep. Variable:                   y   R-squared:                 0.886
Model:                         OLS   Adj. R-squared:            0.883
Method:              Least Squares   F-statistic:               302.2
Date:             Tue, 30 May 2017   Prob (F-statistic):     6.47e-55
Time:                     13:42:13   Log-Likelihood:           -1026.0
No. Observations:              120   AIC:                       2058.
Df Residuals:                  117   BIC:                       2066.
Df Model:                        3
Covariance Type:         nonrobust
======================================================================
                 coef    std err       t    P>|t|    [95.0% Conf. Int.]
----------------------------------------------------------------------
x1           243.8182     71.514    3.409   0.001    102.188   385.448
x2           140.5419     96.623    1.455   0.148    -50.815   331.899
x3           592.0773     81.942    7.226   0.000    429.796   754.359
======================================================================
```

图 12-4

	出发地	目的地	路线信息	酒店信息	天数	酒店评分	酒店等级	价格	性价比
11	杭州	丽江	自由行\n昆明+大理+丽江+香格里拉 云南旅游新模式,分离试旅游. 丽江自由行, 云南/大理/丽...	4.1分\n高档型	10	4.1	3	2180	2.197539
4	杭州	丽江	机酒自由行\n丽江5日自由行,入住丽江听心祥和院+接送机\n5天4晚\天天出发[飞机\舒适游...	4.7分\n高档型	5	4.7	3	1740	2.101075
1	杭州	丽江	机酒自由行\n丽江6日自由行,入住丽江添富太和休度假酒店+接送机,品古城文化,享至尊服务,...	4.4分\n高档型	6	4.4	3	1872	2.060644
0	杭州	丽江	机酒自由行\n丽江5日自由行,入住丽江添富太和休度假酒店+接送机,品古城文化,享至尊服务,...	4.4分\n高档型	5	4.4	3	1888	1.914040
79	杭州	丽江	机酒自由行\n昆明+丽江+香格里拉 杭州飞昆明5日+N天自由休闲游,任意组合丽江/香格里拉...	4.8分\n舒适型	5	4.8	2	1680	1.832052
2	杭州	丽江	机酒自由行\n丽江+香格里拉 丽江、香格里拉6日自由行,机票+特色客栈,丽江往返+接机\n特...	4.4分\n经济型	6	4.4	1	1517	1.762275
119	杭州	丽江	自由行\n昆明+大理+丽江 双廊精选双飞昆明大理丽江自由行3+N天随意搭配+旅游达人推荐吃喝...	4.1分\n高档型	6	4.1	3	2199	1.735046
118	杭州	丽江	机酒自由行\n直飞丽江5天4晚自由行+N天自由行+特色客栈+接送机服务+20公里免费用车\n新城...	4.1分\n高档型	5	4.1	3	2110	1.692675
3	杭州	丽江	机酒自由行\n丽江+大理 丽江、大理双城6天自由行,3晚丽江特色客栈,2晚大理洱海边客栈,赠...	4.4分\n经济型	6	4.4	1	1612	1.658419
35	杭州	丽江	自由行\n<双飞往返丽江>丽江一地+机场接送 5天自由行 管家式服务（内附完整攻略）\n大研...	4.9分\n舒适型	5	4.9	2	1866	1.656967
106	杭州	丽江	自由行\n昆明+大理+香格里拉 <双飞往返丽江>丽江、香格里拉、泸沽湖、大理9天自由行管家式...	4.9分\n舒适型	9	4.9	2	2488	1.634716

图 12-5

12.2 通过热力图分析为用户提供出行建议

笔者爬取了某旅游网站热门景点地理位置、销量信息,利用百度地图 API 生成热力图,通过热力图了解各个景区的负荷情况,从而给用户提供出行建议。

百度地图 API Key 申请方法如下。

首先访问百度地图开放平台,然后单击页面下方的"申请密钥"按钮（见图 12-6）,这里需要登录百度账号。

图 12-6

登录账号后便可以进入百度地图 LBS 开放平台（见图 12-7）。

图 12-7

（1）选择"创建应用"命令。

（2）应用名称处可以随意填写，如"热力图"。

（3）在启用服务处勾选"JavaScript API"和"Geocoding API v2"复选框。

（4）在 Referer 白名单处，建议填*，方便在不同的电脑上访问。

（5）单击"提交"按钮。

进入应用列表页面，可以看到新创建的应用"热力图"的 API Key（AK），如图 12-8 所示。

图 12-8

接下来通过 Geocoding API 将景点地址信息转换为经纬度信息，如图 12-9 所示。

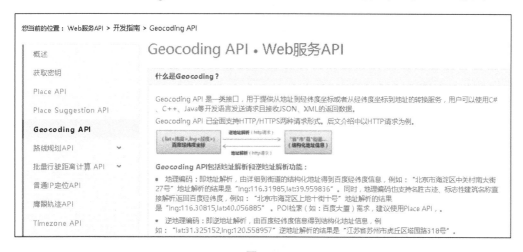

图 12-9

下面通过 JavaScript API 在网页中调用百度地图 Heatmap_min.js 将 JSON 数据渲染成热力图，如图 12-10 所示。

图 12-10

可访问 API 网址查看热力图示例 HTML 代码。

方框内是热力图 JSON 源数据，如图 12-11 所示。

图 12-11

12.2.1 某旅游网站热门景点爬虫代码

爬取时间为 2017 年 9 月 15 日，获取当月热门景点门票销量数据，代码如下。

```python
import requests
from bs4 import BeautifulSoup
import pandas as pd
import time
import random
import urllib.parse
import json
import csv


# 读取上次爬取的 CSV 文件，以便断点续爬
def init_df():
    global df_sights
    try:
        df_sights = pd.read_csv("D:/qunaer_sights.csv")
    except:
        df_sights = pd.DataFrame()


# 初始化 CSV writer，第一次需写入列名
def init_csv():
    global f
    global writer
    global df_sights
    csvFile = "D:/qunaer_sights.csv"
    f = open(csvFile, "a+", newline="", encoding='utf-8')
    writer = csv.writer(f)
    if df_sights.columns.empty:
        writer.writerow(["景点名", "等级", "地址", "介绍", "热度", "价格", "月销量", "经度", "纬度"])


# 程序结束前关闭 CSV 文件
def close_csv():
    global f
    f.close()


# 调用百度地图 API 获取景点地址对应的经纬度
def get_geo_info(address):
```

```python
    geo_url = "http://api.map.******.com/geocoder/v2/?"
    geo_params = {
        "output": "json",
        "ak": "tAwAffII9G0F8Gs4VRuXnuFmIdbOKCEu" # 替换成自己的百度地图API Key
    }

    # 更新 URL 中的地址参数
    geo_params.update({"address": address})
    data = urllib.parse.urlencode(geo_params)
    cur_geo_url = geo_url + data
    geo_resp = requests.get(cur_geo_url)

    json_data = json.loads(geo_resp.text)

    # 调用成功，获取 JSON data 中的经纬度信息
    if json_data["status"] == 0:
        longitude = json_data["result"]["location"]["lng"]
        latitude = json_data["result"]["location"]["lat"]
    else:
        longitude = ""
        latitude = ""

    return longitude, latitude

# 抓取某旅游网站热门景点销量信息
def dump_qunaer_sights(pages):
    global df_sights
    global writer
    base_url = "http://piao.******.com/ticket/list.htm?keyword=热门景点&page="

    for i in range(pages):
        print("page:{0}".format(i + 1))
        url = base_url + str(i + 1)
        resp = requests.get(url)
        time.sleep(random.uniform(1, 3))

        # 通过 BeautifulSoup 解析当前页面 HTML，获取景点列表信息
        soup = BeautifulSoup(resp.text, 'lxml')
        sight_list = soup.select('.sight_item_detail')

        for sight in sight_list:
            # 获取景点名
            name = sight.select('.name')[0].text
```

```python
                # 如该景点已保存在 CSV 文件中，则跳过该页，继续爬取下一页（断点续爬）
                if not df_sights.empty and not df_sights[df_sights["景点名
"] == name].empty:
                    break

                # 获取景点等级
                try:
                    level = sight.select('.level')[0].text.replace("景区", "")
                except:
                    level = ""

                # 获取景点地址
                address=sight.select('.address.color999    span')[0].text.replace
("地址: ", "")

                # 获取景点介绍
                intro = sight.select('.intro.color999')[0].text

                # 获取景点热度
                star = sight.select('.product_star_level em span')[0].text.
replace("热度 ", "")

                # 获取门票价格、月销量
                try:
                    price = sight.select('.sight_item_price em')[0].text
                    sales = sight.select('.hot_num')[0].text
                except:
                    continue

                # 将景点地址转换为经纬度
                longitude, latitude = get_geo_info(address)

                # 向 CSV 文件中插入一条景点信息
                sight_item = [name, level, address, intro, star, price,
sales, longitude, latitude]
                print(sight_item)
                writer.writerow(sight_item)


    if __name__ == "__main__":
        init_df()
        init_csv()
        dump_qunaer_sights(pages=400)
        close_csv()
```

PyCharm 运行结果如图 12-12 所示。

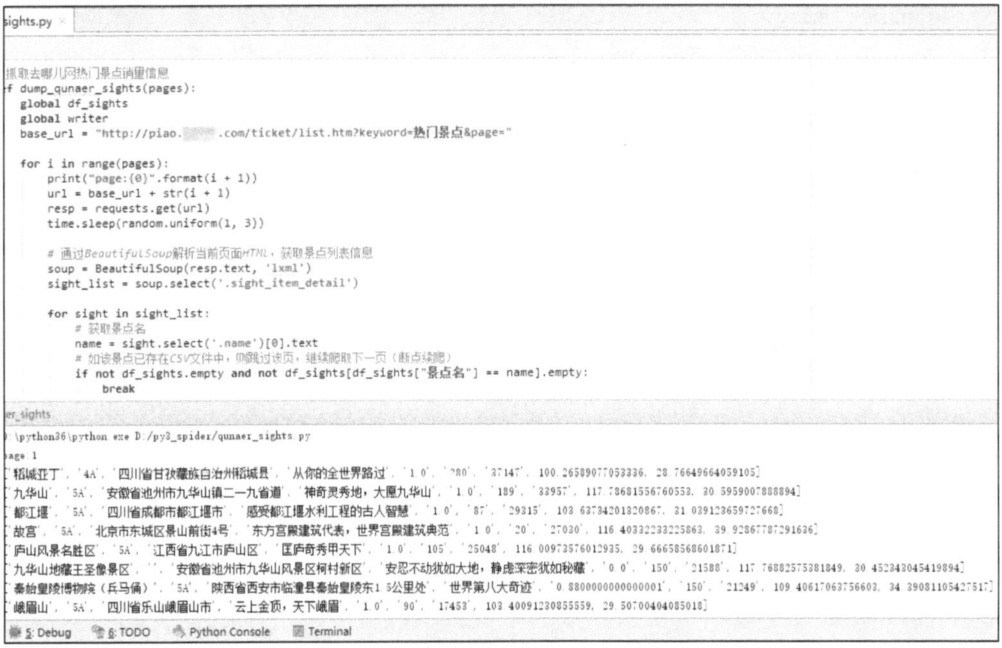

图 12-12

12.2.2 提取 CSV 文件中经纬度和销量信息

提取经纬度和销量信息并将其转化为 JSON 数据打印（extract_json.py）。

输入以下代码：

```python
import pandas as pd
import json
df = pd.read_csv("D:/qunaer_sights.csv")
points = []
df = df[["经度","纬度","月销量"]]
for item in df.values:
    points.append({"lng":item[0],"lat":item[1],"count":item[2]})
str=json.dumps(points)
print(str)
```

PyCharm 运行结果如图 12-13 所示。

```
act_json.py

import pandas as pd
import json
df = pd.read_csv("D:/qunaer_sights.csv")
points = []
df = df[["经度","纬度","月销量"]]
for item in df.values:
    points.append({"lng":item[0],"lat":item[1],"count":item[2]})
str=json.dumps(points)
print(str)
```

```
extract_json
  D:\python36\python.exe D:/extract_json.py
  [{"lng": 100.265889077053235, "lat": 28.7664964059105, "count": 37147.0}, {"lng": 117.78681556760552, "lat": 30.5959007888894, "count": 33957.0}, {"lng": 102.6373420132087, "lat": 31.039123659727675, "count"

  Process finished with exit code 0
```

图 12-13

12.2.3 创建景点门票销量热力图 HTML 文件

打开记事本输入 HTML，将加粗的 API Key 替换成百度地图 API Key，代码如下。

```html
<!DOCTYPE html>
<html>
<head>
    <meta http-equiv="Content-Type" content="text/html; charset=utf-8" />
    <meta name="viewport" content="initial-scale=1.0, user-scalable =no" />
    <script  type="text/javascript"  src="http://api.map.******.com/
api?v= 2.0&ak=tAwAffII9G0F8Gs4VRuXnuFmIdbOKCEu"></script>
    <script  type="text/javascript"  src="http://api.map.******.com/
library/ Heatmap/2.0/src/Heatmap_min.js"></script>
    <title>热力图功能示例</title>
    <style type="text/css">
        ul,li{list-style: none;margin:0;padding:0;float:left;}
        html{height:100%}
        body{height:100%;margin:0px;padding:0px;font-family:"微软雅黑";}
        #container{height:100%;width:100%;}
    </style>
</head>
<body>
    <div id="container"></div>
</body>
</html>
<script type="text/javascript">
    var map = new BMap.Map("container");          // 创建地图示例

    var point = new BMap.Point(110, 37.5);
    map.centerAndZoom(point, 5);         // 初始化地图，设置中心点坐标和地图级别
    map.enableScrollWheelZoom();       // 允许通过滚轮缩放
```

221

```
        var points = [{"lng": 100.26589077053335, "lat": 28.76649664059105,
"count": 37147.0}, {"lng": 117.78681556760552, "lat": 30.5959007888894,
"count": 33957.0}];  //这里需填写上一步中打印出的 JSON 数据（约 6000 条）


        if(!isSupportCanvas()){
            alert('热力图目前只支持有 Canvas 支持的浏览器，您所使用的浏览器不能使用
热力图功能~')
        }
        //详细的参数，可以查看 heatmap.js 文档 https://******.com/pa7/ heatmap.
js/blob/master/README.md
        //参数说明如下：
        /* visible  热力图是否显示,默认为 true
         * opacity  热力图的透明度,1～100
         * radius   热力图的每个点的半径大小
         * gradient  {JSON} 热力图的渐变区间 . gradient 如下所示
         * {
                    .2:'rgb(0, 255, 255)',
                    .5:'rgb(0, 110, 255)',
                    .8:'rgb(100, 0, 255)'
            }
            其中 key 表示插值的位置，0~1; value 为颜色值
        */
heatmapOverlay = new BMapLib.HeatmapOverlay({"radius":8});
map.addOverlay(heatmapOverlay);
heatmapOverlay.setDataSet({data:points,max:100});
heatmapOverlay.show();
//是否显示热力图
function openHeatmap(){
    heatmapOverlay.show();
}
function closeHeatmap(){
    heatmapOverlay.hide();
}
//closeHeatmap();
function setGradient(){
    /*格式如下所示：
    {
        0:'rgb(102, 255, 0)',
        .5:'rgb(255, 170, 0)',
        1:'rgb(255, 0, 0)'
    }*/
    var gradient = {};
    var colors = document.querySelectorAll("input[type='color']");
    colors = [].slice.call(colors,0);
    colors.forEach(function(ele){
        gradient[ele.getAttribute("data-key")] = ele.value;
```

```
    });
    heatmapOverlay.setOptions({"gradient":gradient});
}
//判断浏览器是否支持Canvas
function isSupportCanvas(){
    var elem = document.createElement('canvas');
    return !!(elem.getContext && elem.getContext('2d'));
}
</script>
```

　　输入 HTML 后，将文件保存，并重命名为 heat.html（注意后缀名要将 txt 修改成 html）。用浏览器打开 heat.html，查看景点人气（门票月销量）热力图。

　　放大地图后，可以观察具体某个省份或某个城市的景区分布，国庆期间如果不想感受人潮涌动，那么可以避开这些过于热门的景点，转而选择一些相对小众的去处。以笔者所在的杭州为例，国庆期间杭州游客爆满，上海、苏州游客也很多，反而东边的宁波、舟山游客会少一些，因此去宁波、舟山吃海鲜大餐也是一个不错的选择。本例只采集了一个平台的数据，最好采集更多线上旅行电商的数据，再画出国庆出行热力图。

第 **13** 章

数据可视化

先准备好数据，以某电商网站商品数据为例，代码如下。

```
import pandas as pd
df = pd.read_csv("D:/******_data.csv")
df.head()
```

代码运行结果如图 13-1 所示。

	商品	价格	成交量	卖家	位置
0	新款中老年女装春装雪纺打底衫妈妈装夏装中袖宽松上衣中年人恤	99.0	16647	夏奈凤凰旗舰店	江苏
1	中老年女装清凉两件套妈妈装夏装大码短袖T恤上衣雪纺衫裙裤套装	286.0	14045	夏洛特的文艺	上海
2	母亲节衣服夏季妈妈装夏装套装短袖中年人40-50岁中老年女装T恤	298.0	13458	云新旗舰店	江苏
3	母亲节衣服中老年人春装女40岁50中年妈妈装套装夏装奶奶装两件套	279.0	13340	韶妃旗舰店	浙江
4	中老年女装春夏装裤大码 中年妇女40-50岁妈妈装夏装套装七分裤	59.0	12939	千百奈旗舰店	江苏

图 13-1

删除"商品"和"卖家"两列，并根据位置对数值字段求均值，进行分组汇总，最后根据成交量均值降序排序。

```
df_mean  =  df.drop(["商品","卖家"],  axis=1).groupby("位置
").mean().sort_ values("成交量", ascending=False)
df_mean
# drop（默认 axis=0）删掉行，axis=1 删掉列
# groupby 汇总
```

代码运行结果如图 13-2 所示。

	价格	成交量
位置		
江苏	223.611364	7030.909091
上海	161.200000	6801.500000
湖北	254.714286	6182.000000
河北	152.000000	6050.666667
河南	119.000000	5986.000000
浙江	290.428571	5779.500000
广东	326.000000	5164.000000
北京	150.000000	4519.333333

图 13-2

13.1　应用 matplotlib 画图

matplotlib 是 Python 中非常出色的可视化库，能轻松应对大多数画图需求。

13.1.1　画出各省份平均价格、各省份平均成交量柱状图

输入以下代码：

```
%matplotlib inline
import matplotlib as mpl
import matplotlib.pyplot as plt

mpl.style.use('ggplot')
fig, (ax1, ax2) = plt.subplots(1, 2, figsize=(12, 4))
df_mean.价格.plot(kind='barh', ax=ax1)
ax1.set_xlabel("各省份平均价格")
df_mean.成交量.plot(kind='barh', ax=ax2)
ax2.set_xlabel("各省份平均成交量")
fig.tight_layout()
```

代码运行结果如图 13-3 所示。

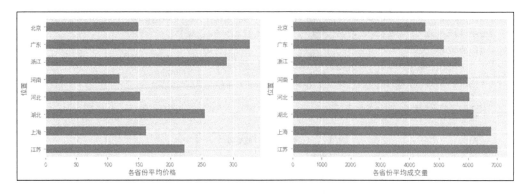

图 13-3

在 Anaconda 中，大多数库都不需要安装，因此使用起来非常方便。

在调用 matplotlib 的时候有 4 个步骤，如下所示。

（1）设定画图背景样式，将画图的背景样式设置成 ggplot。

ggplot 是一个非常出色的画图库，当然这里不是调用这个库，只是在 matplotlib 中集成了这个库的画图风格（包含背景、配色等）。这里将画布风格设置成 ggplot 风格，代码如下。

```
mpl.style.use('ggplot')
```

（2）设定画布。

设定一张名为 fig 的画布，将这个大画布分成两个小画布，分别命名为 ax1 和 ax2。figsize 设定了 fig 画布的大小为 12×4 点（point），代码如下。

```
fig, (ax1, ax2) = plt.subplots(1, 2, figsize=(12, 4))
```

（3）画图及设定元素。

只需要在数据集后用.plot()方法就可以画图了，kind='barh'表示画一张条形图，ax=ax1 表示这张条形图画在 ax1 这张子画布上，可以用 set_xlabel 设定 X 轴标签，代码如下。

```
df_mean.价格.plot(kind='barh', ax=ax1)
ax1.set_xlabel("各省份平均价格")
```

（4）自动调整格式。

设定好图表元素后，使图表自动调整格式，代码如下。

```
fig.tight_layout()
```

13.1.2 画出各省份平均成交量折线图、柱状图、箱形图和饼图

在观察数据分布的时候可以用折线图、柱状图、箱形图和饼图，在制图时可以输入以下代码。

```
fig, axes = plt.subplots(2, 2, figsize=(10, 10))
s=df_mean.成交量
s.plot(ax=axes[0][0], kind='line', title="line")
s.plot(ax=axes[0][1], kind='bar', title="bar")
s.plot(ax=axes[1][0], kind='box', title="box")
s.plot(ax=axes[1][1], kind='pie', title="pie")
fig.tight_layout()
```

代码运行结果如图 13-4 所示。

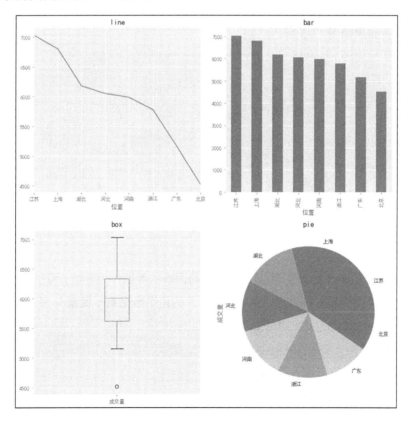

图 13-4

- kind='line'表示折线图，kind='bar'表示柱状图，kind='box'表示箱形图，kind='pie'表示饼图。
- axes[0][0]代表第一行第一列，axes[0][1]代表第一行第二列。

227

接下来指定一个 2×2 布局的正方形（figsize=(10, 10)）画布，相当于一个二维数组，代码如下。

```
fig, axes = plt.subplots(2, 2, figsize=(10, 10))
```

13.1.3 画出价格与成交量的散点图

散点图一般用于观察两个度量之间的分布情况，以便研究两者之间的关系。输入下面代码，观察画图效果。

```
fig, ax = plt.subplots(1, 1, figsize=(12, 4))
ax.scatter(df.价格,df.成交量)
ax.set_xlabel("价格")
ax.set_ylabel("成交量")
```

代码运行结果如图 13-5 所示。

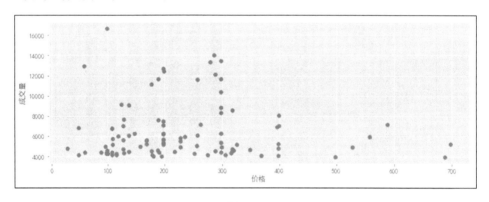

图 13-5

画散点图的方法和之前的方法不同，之前将图表的类型作为参数；而在画散点图的时候，将图表的类型作为一种方法，参数是要交叉的两个数据集（度量）。在画散点图时，在画布 ax 上用 scatter() 方法，其表达方式如下。

```
ax.scatter(df.价格,df.成交量)
```

13.2 应用 pyecharts 画图

13.2.1 Echarts 简介

Echarts 是由百度开发的一款开源、免费，覆盖各行业图表的纯 JavaScript 的可视化库，其可以提供直观、生动、可交互和高度个性化定制的数据可视化图表，如图 13-6 所示。

Echarts 具有丰富的图表类型，包括常规图、用于地理数据可视化的地图、用于关系数据可视化的关系图，还有用于 BI 的漏斗图和仪表盘，并且 Echarts 支持图与图之间的混搭。

Echarts 的特性是可以自由下载不同版本、不同主题和所需的地图数据，还可以在线定制模块，更多特性可以进入官网了解。

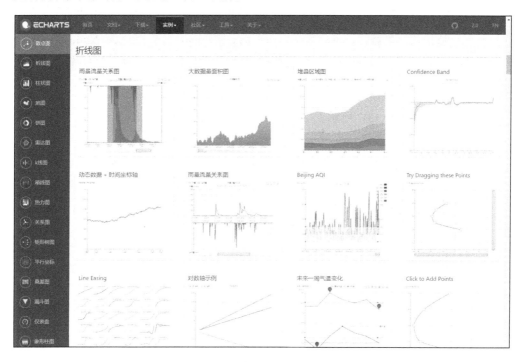

图 13-6

13.2.2　pyecharts 简介

pyecharts 是一个用于生成 Echarts 图表的类库，能利用几行代码轻松生成 Echarts 风格的图表。pyecharts 兼容 Python 2 和 Python 3。这里使用的版本为 0.2.3。

在 CMD 命令提示行中，输入以下命令安装 pyecharts，或者在 PyCharm 中进行安装。

```
pip install pyecharts
```

13.2.3　初识 pyecharts，玫瑰相送

将随书的数据集datas文件夹复制到项目文件夹中，输入绝对地址后，再输入以下代码。

```
import json
```

```
from pyecharts import Pie
f = open("datas/pies.json")
data = json.load(f)
name=data['name']
sales=data['sales']
sales_volume=data['sales_volume']
pie=Pie("衣服清洗剂市场占比",title_pos='left',width=800)
pie.add(" 成 交 量 ",name,sales_volume,center=[25,50],is_random=True,
radius=[30,75],rosetype='radius')
pie.add(" 销 售 额 ",name,sales,center=[75,50],is_random=True,radius=
[30,75], rosetype='area',is_legend_show=False,is_label_show=True)
pie.show_config()
pie.render('D:/rose.html')
```

代码运行结果如图 13-7 所示。

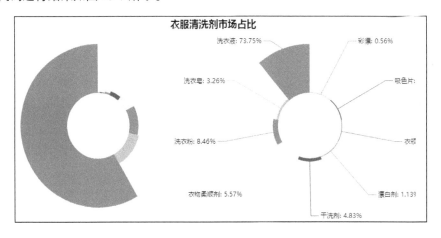

图 13-7

如果没有复制，则在使用 open()方法打开数据集的时候输入绝对地址，代码如下。

```
f = open("D:/datas/pies.json")
```

13.2.4　pyecharts 基本语法

1．图表大小及标题设置

（1）代码说明。

```
图表名称 ("Title",title_pos="left/right/center",height=,width= )
```

Title 表示图表标题，title_pos 表示标题的位置，height 和 width 表示高度和宽度。

（2）示例代码。

```
pie("衣服清洗剂市场占比",title_pos='left',width=800)
```

2. 图表内容设置

pyecharts 图表内容的设置主要是通过 add()函数实现的。

（1）代码说明。

```
add("图名称",数据集 1,数据集 2,位置,颜色,图形类型,图例格式,标签设置)
```

（2）示例代码。

```
pie.add("成交量",name,sales_volume,center=[25,50],radius=[30,75],
visual_text_color='#fff', is_random=True,
rosetype='radius',
is_legend_show=False,
is_label_show=True,label_pos='outside',label_text_color='#000')
```

（3）参数说明。

- center：指定饼图圆心位置，第一个数值是 X 轴（从左到右）的位置，第二个数值是 Y 轴（从上到下）的位置，单位是%（百分比）。

- radius：指定饼图半径范围，第一个数值是圆心（同心圆）的半径，第二个数值是扇形的半径。

- visual_text_color：指定文本颜色。

- is_random：指定是否启用随机配色。

- rosetype：指定玫瑰图的图形类型。

- is_legend_show：指定是否显示图例。

- is_label_show：指定是否显示标签。

- label_pos：指定标签的位置。

- label_text_color：指定标签颜色。

3. 图表配置显示

显示图表的配置信息用.show_config()方法。

示例代码：

```
pie.show_config()
```

代码运行结果如图 13-8 所示。

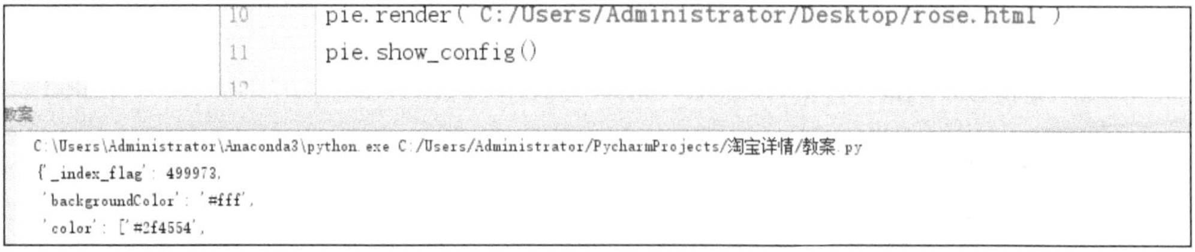

图 13-8

4．图表输出

pyecharts 可以使用 render() 函数将图表生成 HTML 文件。

该操作默认会在根目录下生成一个 render.html 文件，可以用浏览器打开该文件；也可保存到指定路径下，如 render(" D:/rose.html ")。

13.2.5　基于商业分析的 pyecharts 图表绘制

1．分析背景：探索某电商市场衣服清洗剂各品类数据占比

１）饼图

（1）代码说明。

```
pie.add("图例名称","属性名称","属性值",饼图半径-radius=,饼图圆心-center=,
图形类型-rosetype-radius,area)
```

（2）示例代码。

```
import json
from pyecharts import Pie
f = open("datas/pies.json")
data = json.load(f)
name=data['name']
sales=data['sales']
sales_volume=data['sales_volume']
pie=Pie("",width=800)
pie.add("", name, sales, is_label_show=True)
pie.render('D:/pie.html')
```

代码运行结果如图 13-9 所示。

其他类型饼图，如玫瑰图，如图 13-10 所示。其中左侧为 radius，扇区圆心角表示数据百分比；右侧为 area，仅通过半径展现数据大小。

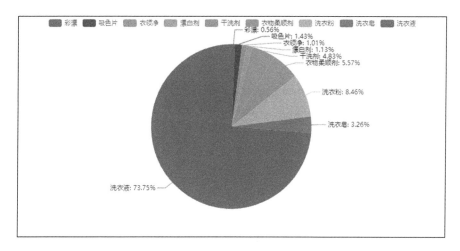

图 13-9

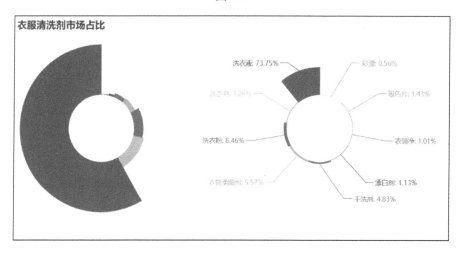

图 13-10

2）漏斗图

（1）代码说明。

```
funnel.add("图例名称",属性名称,属性对应值,其他设置)
```

（2）示例代码。

```
from pyecharts import Funnel

funnle=Funnel("",width=800)
funnle.add("成交量",name,sales_volume,is_label_show=True,label_pos=
'inside',label_text_color='#fff')
funnle.render('D:/funnle.html')
```

代码运行结果如图 13-11 所示。

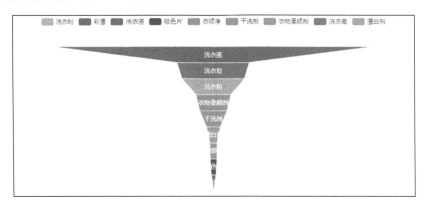

图 13-11

3）柱形图

（1）代码说明。

```
bar.add("图例名称",横坐标轴数据,纵坐标轴数据,数据是否堆叠- is_stack=True or
False,其他设置)
```

（2）示例代码。

```
from pyecharts import Bar

bar=Bar("衣服清洗剂市场占比柱形图",width=800)
bar.add("成交量",name,sales_volume,center=[25,50],mark_point=['average'])
bar.add("销售额",name,sales,center=[25,50],mark_point=['max','min'])
bar.render('D:/bar.html')
```

代码运行结果如图 13-12 所示。

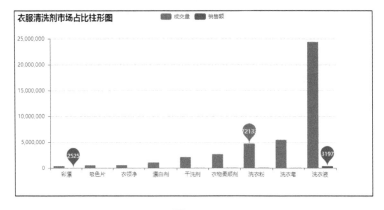

图 13-12

说明：mark_point 指定标记点，常用的有 3 个标记点，即最大值（max）、最小值（min）和平均值（average）。

```
bar.add(" 成 交 量 ",name,sales_volume,center=[25,50],mark_point=
['average'] ,is_stack=True)
    bar.add("销售额",name,sales,center=[25,50],mark_point=['max','min'],
is_stack=True)
```

对于以上代码，柱形图默认是不进行堆叠的，如果想实现堆叠的效果，则需在 add() 函数里添加代码 is_stack=True。

代码运行结果如图 13-13 所示。

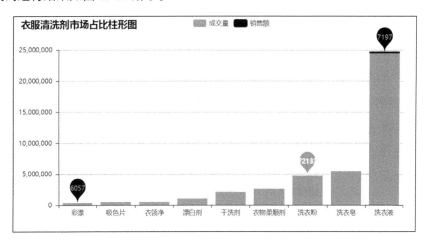

图 13-13

4）条形图

（1）代码说明。

条形图其实就是将柱形图顺时针旋转 90°，在这里只需在柱形图 add() 函数中添加一句转换代码 is_convert=True 即可。

（2）示例代码。

```
bar=Bar("衣服清洗剂市场占比条形图",width=800)
bar.add("成交量",name,sales_volume,mark_point=['average'])
bar.add("销售额",name,sales,mark_point=['max','min'],is_convert=True)
bar.render('D:/bar_convert.html')
```

代码运行结果如图 13-14 所示。

通过该条形图可以看出，在某电商衣服清洗剂市场中，洗衣液的销量最高，是市场容量最大的品类。

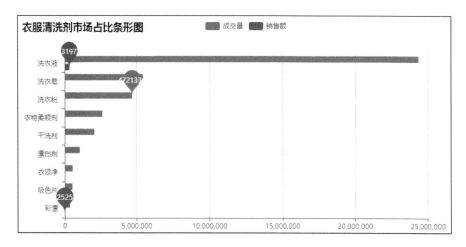

图 13-14

2．分析背景：探索某电商洗衣液市场趋势

接下来绘制折线图，并介绍几种特殊折线图的绘制方法。

1）简单折线图

（1）代码说明。

```
line.add("图例名称",横坐标轴,纵坐标轴,是否显示图形标记- is_symbol_show,是否
平滑曲线- is_smooth,是否堆叠-is_stack,是否为阶梯线图-is_step,是否填充曲线绘制面
积-is_fill)
```

其中，is_symbol_show 默认为 True，其余都默认为 False。

（2）示例代码。

```
import json
from pyecharts import  Line
f = open("datas/lines.json")
data = json.load(f)
date = data['date']
sales1 = data['sales1']
sales2 = data['sales2']
line = Line("洗衣液月销售情况")
line.add("成交量", date, sales1, mark_point=["average", "max", "min"],
mark_point_symbol='diamond', mark_point_textcolor='#40ff27')
line.add("销售额", date, sales2, mark_point=["max"],is_smooth=True,
mark_line=["max","average"],mark_point_symbol='arrow',mark_point_symbol
size=40)
line.render('D:/line.html')
```

代码运行结果如图 13-15 所示。

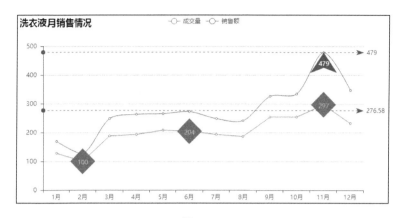

图 13-15

（3）参数说明。

mark_point_symbol：指定标签的形状。

mark_point_textcolor：指定标签的字体颜色。

mark_line：指定标记线。

mark_point_symbolsize：指定标记的大小。

2）堆叠折线图

示例代码：

```
    line.add("成交量", date, sales1, mark_point=["average", "max", "min"],
is_stack=True, is_label_show=True)
    line.add("销售额", date, sales2, mark_point=["max"],is_smooth=True,
mark_line=["max", "average"], is_stack=True, is_label_show=True)
    line.render('D:/linestack.html')
```

代码运行结果如图 13-16 所示。

图 13-16

3）阶梯折线图

示例代码：

```
line.add("成交量", date, sales1, is_step=True, is_label_show=True)
line.add("销售额", date, sales2, is_step=True, is_label_show=True)
line.render('D:/linestep.html')
```

代码运行结果如图 13-17 所示。

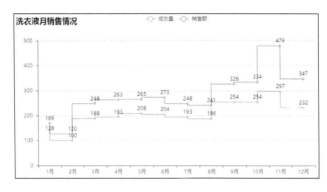

图 13-17

4）面积折线图

示例代码：

```
line.add("成交量", date, sales1, is_fill=True, area_opacity=0.4)
line.add("销售额", date, sales2, is_fill=True, area_opacity=0.2,
area_color='#000')
line.render('D:/linefill.html')
```

其中 area_opacity 指定透明比例。

代码运行结果如图 13-18 所示。

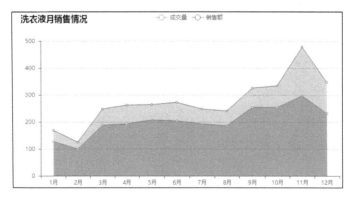

图 13-18

通过图表可以看出，洗衣液在该电商网站秋冬季成交量的增长幅度较大。但根据生活常识，夏天人们出汗多，洗衣服的频率会更高，因此相应的洗衣液损耗应该较大。

通过业务了解，造成该网站洗衣液秋冬季的成交量高于夏季的成交量的原因有两方面：

第一，该网站从 9 月份起有多次大型活动，由于洗衣液价格比平时优惠，因此许多用户会提前购买。

第二，进入秋季后，很多大件衣物，如大衣、被单、被子等需要集中清洗，因此对洗衣液的需求增大。

3．分析背景：指标完成情况

1）仪表盘

（1）代码说明。

```
gauge.add("图例名称", "属性名称",属性值,仪表盘数据范围- scale_range 默认
[0,100],仪表盘角度范围- angle_range 默认为[225,-45])
```

（2）示例代码。

```
from pyecharts import Gauge
gauge=Gauge('目标完成率')
gauge.add('任务指标','完成率',80.2)
gauge.render('D:/gauge.html')
```

代码运行结果如图 13-19 所示。

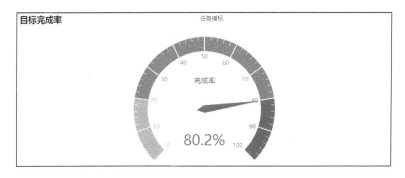

图 13-19

2）水球图

（1）代码说明。

```
liquid.add("图例名称",数据,水球外形-shape-默认 'circle'- 'rect'- 'roundRect'-
'triangle'- 'diamond'- 'pin'-'arrow'可选,波浪颜色- liquid_color,是否显示波浪
画面- is_liquid_animation,是否显示边框- is_liquid_outline_show)
```

（2）示例代码。

```
from pyecharts import Liquid

liquid = Liquid("水球图")
liquid.add("水球", [0.8])
liquid.render('D:/liquid.html')
```

代码运行结果如图 13-20 所示。

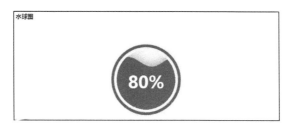

图 13-20

4．分析背景：买家评价舆情分析

词云

（1）代码说明。

```
worldCloud.add("图例名称", "属性名称",属性值,词云图轮廓-shape-circle'、
'cardioid'、'diamond'、'triangle-forward'、'triangle'、'pentagon'、'star'
可选)
```

其中词间隔默认为 20- word_gap，词大小范围- word_size_range 默认为[12, 60]，词旋转角度- rotate_step 默认为 45。

（2）示例代码。

```
import pandas as pd
from pyecharts import WordCloud
wd=pd.read_csv("D:/cp.csv",header=0)
catename=[i[0]for i in wd[["关键词"]].values]
value=[int(i[0])for i in wd[["词频"]].values]
wordcloud=WordCloud(width=1200,height=600)
wordcloud.add("",catename,value,word_size_range=[10,120],shape='star')
wordcloud.render('D:/wordcloud.html')
```

其中 word_size_range 指定字体大小范围。

代码运行结果如图 13-21 所示。

通过词云可以看出，消费者主要关注三点：一是包装，二是价格（划算），三是正品（也可以视为品质）。

图 13-21

5. 分析背景：探索销售额与高质宝贝数之间的关系

散点图

（1）代码说明。

```
scatter.add("图例名称",横坐标轴数据,纵坐标轴数据,标记图形大小-symbol_size
默认10)
```

（2）示例代码。

```
from pyecharts import Scatter
import json
f = open("datas/scatters.json")
data = json.load(f)
xs = data['xs']
gb = data['gb']
scatter = Scatter("销售额与高质宝贝数")
scatter.add("关系", xs, gb)
scatter.render('D:/scatter.html')
```

代码运行结果如图 13-22 所示。

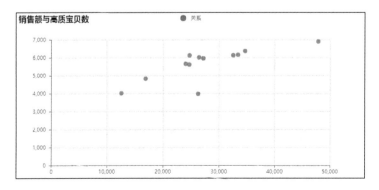

图 13-22

通过散点图可以看出，销售额与高质宝贝数呈正相关趋势。

13.2.6　使用 pyecharts 绘制其他图表

1）箱形图

箱形图是一种用作显示一组数据分散情况资料的统计图。它能显示出一组数据的最大值、最小值、中位数、下四分位数及上四分位数。

（1）代码说明。

```
Boxplot.add("图例名称",横坐标轴数据,纵坐标轴数据,其他设置)
```

（2）示例代码。

```
from pyecharts import Boxplot
boxplot = Boxplot("箱形图")
x_axis = ['销售额']
y_axis = [[169,126,248,263,265,273,248,241,326,334,479,347],]
_yaxis = boxplot.prepare_data(y_axis)
boxplot.add("boxplot", x_axis, _yaxis)
boxplot.render('D:/boxplot.html')
```

代码运行结果如图 13-23 所示。

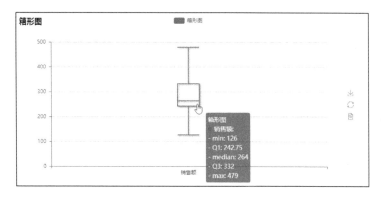

图 13-23

其中.prepare_data()方法表示求出最小值、下四分位数、中位数、上四分位数和最大值，然后用这 5 个数据画出箱形图。

2）自定义组合图

Line-Bar 组合图，用 Overlap()将两个图形进行组合。

示例代码：

```
from pyecharts import Bar,Line,Overlap
import json
f = open("datas/overlaps.json")
data = json.load(f)
```

```
date = data['date']
sales1 = data['sales1']
sales2 = data['sales2']
bar=Bar("Line-Bar")
bar.add("Bar",date,sales1)
line=Line()
line.add("Line",date,sales2)

overlap=Overlap()
overlap.add(bar)
overlap.add(line)
overlap.render('D:/linebar.html')
```

代码运行结果如图 13-24 所示。

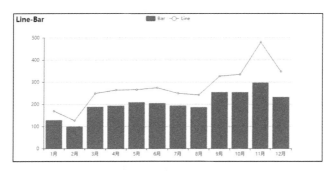

图 13-24

3）3D 柱形图

（1）代码说明。

Bar3D.add("图例名称",横坐标轴数据,纵坐标轴数据,数据集,柱透明度-默认 1 完全不透明,着色效果-color 只显示颜色没有光照等其他因素、lambert 带光照、realistic 真实渲染)

（2）示例代码。

```
from pyecharts import Bar3D
import json
bar3d = Bar3D("3D 柱形图", width=1200, height=600)
f = open("datas/bar3ds.json")
datas = json.load(f)
x_axis = datas['x_axis']
y_axis = datas['y_axis']
data = datas['data']
range_color = datas['range_color']
bar3d.add("", x_axis, y_axis, [[d[1], d[0], d[2]] for d in data],
is_visualmap=True,visual_range=[0, 20], visual_range_color=range_color)
bar3d.render('D:/3dbar.html')
```

代码运行结果如图 13-25 所示。

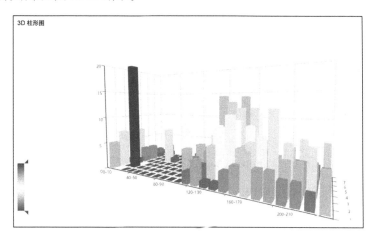

图 13-25

（3）参数说明。

is_visualmap：表示显示热力图。

visual_range：表示设置热力图图示的数值范围。

visual_range_color：表示设置颜色方案。

通过设置 is_grid3d_rotate，可以启动自动旋转功能，代码如下。

```
bar3d.add("", x_axis, y_axis, [[d[1], d[0], d[2]] for d in data],
is_visualmap=True,visual_range=[0, 20], visual_range_color=range_color,
grid3d_width=200, grid3d_depth=80, is_grid3d_rotate=True)
```

通过设置 grid3d_rotate_speed，可以调节旋转速度，代码如下。

```
bar3d.add("", x_axis, y_axis, [[d[1], d[0], d[2]] for d in data],
is_visualmap=True, visual_range=[0, 20], visual_range_color=range_color,
grid3d_width=200,grid3d_depth=80,is_grid3d_rotate=True,grid3d_rotate_sp
eed= 180)
```

4）用散点图绘制爱心

散点图可以基于基础图形画出和基础图形的散点图，这里用 scatter.draw 指定要画的
基础图形，代码如下。

```
from pyecharts import Scatter
scatter = Scatter("爱心", width=800, height=480)
data1 ,data2 = scatter.draw("D:/love.jpg")
scatter.add("Love", data1 ,data2)
scatter
```

代码运行结果如图 13-26 所示。

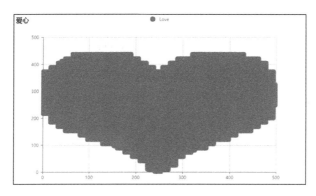

图 13-26

13.2.7　pyecharts 和 Jupyter

Jupyter 就是 Anaconda 的开发 IDE，先在 CMD 命令提示行中输入命令，安装 pyecharts，命令代码如下。

```
conda install pyecharts
```

pyecharts 自动把 Echarts 脚本文件装在了 jupyter nbextensions 文件夹下，pyecharts 已经进入全部离线模式，也就是在没有网络的情况下也能画图。在 Jupyter 中，图片的输出只需要写图表名称即可，不需要相应的函数，如图 13-27 所示。

图 13-27

13.3　习题

1. matplotlib 设置好图表元素后，以下哪项代码可以使图表自动调整格式？（　　）

   A．fig.fit()　　　　　　　　　　　B．fig.tight()

   C．fig.fit_layout()　　　　　　　　D．fig.tight_layout()

2. 下列关于 matplotlib 的表述有误的是（　　）。

   A．可以通过 plt.figure()一次绘制多个图形

   B．可以通过 subplots 在同一个窗口中显示多个图形

   C．scatter 函数的功能是绘制散点图

   D．plt.axis('equal')设置了坐标轴大小自动调整

3. pyecharts 中哪个参数可以指定标签形状？（　　）

   A．mark_point_symbol　　　　　　B．mark_point_textcolor

   C．mark_line　　　　　　　　　　D．mark_point_symbolsize

4. 请问下列哪项代码可以绘制水球图？（　　）

   A．Funnel　　　　B．Gauge　　　　C．Liquid　　　　D．Sankey

5. pyecharts 中的词云字体大小可以通过下列哪个选项控制？（　　）

   A．wordsize　　　B．word_size　　　C．word_size_range　　D．wordsize_range

6. 下列关于 matplotlib 的表述正确的有（　　）。

   A．matplotlib 只能创建二维图表

   B．set_xlabel 与 set_ylabel 可以设置坐标轴的 X 轴与 Y 轴的标签

   C．可以使用 savefig 保存图表

   D．matplotlib 可以生成多种格式的高质量图像，包括 PNG、JPG、EPS、SVG、PGF 和 PDF

7. 下列关于 pyecharts 的表述正确的有（　　）。

   A．pyecharts 将不自带地图 js 文件，想使用地图的开发者必须自己手动安装地图插件

   B．legend：图例组件

   C．axis3D：3D 笛卡儿坐标系 X、Y、Z 轴配置项，适用于 3D 图形

   D．lineStyle：带线图形的线的风格选项

二、判断题

1. matplotlib 集成了 ggplot 的画图风格。（　　）

2. matplotlib 中 kind='barh'表示绘制条形图。（　　）

3. title_pos 在 pyecharts 中表示标题的位置。（　　）

4. pyecharts 中柱形图如果想实现堆叠的效果，则只需在 add()函数里添加 is_stack=True。（　　）

5. Overlap()可以用于在 pyecharts 中将两个图形进行组合。（　　）

6. pyecharts 支持 Ptyhon 3.5+而不支持 Python 2.7+。（　　）

7. render()函数在 pyecharts 中可以用于将图表生成 JPG 文件。（　　）

8. pyecharts 中 render()函数默认将文件生成在根目录下。（　　）

9. pyecharts 绘制柱形图与条形图代码的区别是柱形图比条形图多了 is_convert=True。（　　）

三、实操题

结合 matplotlib 与 NumPy 绘制函数 $f(x)=\sin^2(x-2)e^{-x^2}$，其中 e 为自然常数，约等于 2.71828。

四、应用题

某公司 2018 年的营收目标为 2.5 亿元，现有 2018 年第一季度的营运数据，请用 pyecharts 将营运数据实现可视化。

专业服务

电商数据分析咨询顾问服务：

帮助电商企业实现数据转型，让数据成为动力，拥抱新零售。包含搭建数据指标体系和数据库系统、搭建数据报表体系、建立商业分析体系等。

人工智能图像识别服务：

帮助企业应用人工智能技术提高产品设计开发能力，基于产品图片的精准识别识别产品特征元素，如服装的品类、围度、图案、廓形、袖口、门襟、长度、收口、背部等识别。

Python 课程：

基础入门、爬虫、数据清洗、可视化、机器学习、深度学习、自然语言分析、实战案例。

电商数据分析课程：

数据分析方法论、数据获取爬虫、店铺诊断分析、市场分析、竞争分析、渠道分析、产品分析、会员分析、营销分析、库存分析、内容分析、数据化店铺规划布局、数据化排班设计、智能财务报表设计、店铺经营自动化报告设计。

作者微信号：lingyishuju
作者公众号：零一
公司网址：www.muyaotech.com